FRAKTALE GEOMETRIE

Für meinen Vertrauten in Sachen Fraktale, Antoni Benseny
und in Erinnerung an Juan Femenias

FRAKTALE GEOMETRIE

EIN NEUER BLICK AUF DIE WELT

MARIA ISABEL BINIMELIS BASSA

Librero

Die Originalausgabe erschien 2010 unter dem Titel: *Una nueva manera de ver el mundo. La geometría fractal*

Postbus 72, 5330 AB Kerkdriel, Niederlande

Bildnachweis Innenseiten: Album: 75; Album Lessing: 14a; Archives RBA: 13, 14 b, 16, 23, 27, 32, 52, 76, 78, 82, 91; Collection of Cyrillo H. Florence: 22; Duane Michals: 55; Eequor: 123; George Hart: 84b; Maria Isabel Binimelis: 18a und b, 19, 39, 53, 64, 67a und b, 102a und b, 104, 107, 134, 142-149; M. C. Escher Company: 56a und b, 57, 58, 60a und b ; Niabot : 84a; Wolfang Beyer: 121

Bildnachweis Umschlag:
Formeln © iStockphoto.com/Suljo
mathematische Figuren © iStockphoto.com/mustafahacalaki
Menger-Schwamm: Wikimedia commons

Produktion der deutschsprachigen Ausgabe:
Tanja Timmerman vertaling & redactie
Übersetzung: Judith Muhr
Satz: Elixyz Desk Top Publishing

Printed in Slovenia

ISBN: 978-90-8998-814-0

Inhalt

Vorwort

Noch vor vierzig Jahren waren Fraktale völlig unbekannt. Das Konzept war bereits vorhanden, aber der Name war noch nicht geprägt. In seinem Buch *The Emperor's New Mind* spricht Professor Sir Roger Penrose die Theorie aus, dass die Mathematik entdeckt wurde – nicht erfunden. Mathematische Objekte seien Gedankenbilder, häufig stimuliert durch die Ordnung, die bestimmten Aspekten unserer Welt zugrunde liegt.

Die Schwammartigkeit einer Wolke, die Verästelung eines Baums, die Unregelmäßigkeit eines Blitzes, die ornamentalen Details eines Pfaus und die Verkalkung eines Stalaktits sind Phänomene, die mit Hilfe der fraktalen Geometrie beschrieben werden – so wie die Erde anhand einer Kugel oder die Form eines Nautilus anhand einer Spirale beschrieben werden. Die Erde ist jedoch keine perfekte Kugel – noch nicht einmal ein perfekter Ellipsoid. Dennoch bietet uns eine solche Annäherung einen maßgeblichen Vorteil, wenn wir beispielsweise Berechnungen für die Prognose von Sonnenfinsternissen durchführen wollen – und wir können sie damit mit einem ein relativ hohen Maß an Genauigkeit vorhersagen.

Als die Wissenschaftler begannen, neue Formentypen zu untersuchen, die zuvor als irrelevant oder kurzlebig abgetan wurden, lenkten sie damit die Beschreibung und das Verständnis des Universums in eine neue Richtung. Diese neuen Formen werden als irregulär bezeichnet, manchmal sogar als chaotisch. Bei dem Versuch, Ordnung in dieser „Unordnung" zu schaffen, haben die Mathematiker Regeln gesucht und gefunden, die bis zu diesem Zeitpunkt ignoriert worden waren – geometrische Muster, die in unterschiedlichen Maßstäben wiederholt wurden, räumlich wie zeitlich. Nassim Nicholas Taleb schreibt in seinem Buch *The Black Swan*, dass zu diesem Zeitpunkt alle Teile des Puzzles, die seit der Antike von Denkern wie Platon, Yule und Zipf abgeleitet worden waren, in den Händen von Benoît Mandelbrot zusammengeführt wurden. Laut Taleb war es Mandelbrot, der die Punkte zusammengefügt, die Geometrie um die Zufälligkeit ergänzt (eine Zufälligkeit, die letztlich das Wunder ausmacht) und das Ganze zu seinem logischen Schluss gebracht hat. Um seine Theorie zu unterstützen, förderte er mathematische Arbeiten zutage, die zu diesem Zeitpunkt unbekannt waren.

Kurz danach wurden verschiedenste Beziehungen zwischen dieser neuen Mathematik und zahlreichen anderen Wissenschaftsbereichen erkennbar, wie beispielsweise Biologie, Geologie, Städteentwicklung, Wirtschaft, Technologie und sogar Kunst. Fast gleichzeitig entwickelte sich die sogenannte „Mandelbrot-Menge" wie aus dem Nichts, basierend auf einem einfachen rekursiven Prozess der Quadrierung. Sie ist ein Beispiel überraschender Komplexität und Schönheit – eine Struktur, die nicht nur in unseren Gedanken lebt, sondern eine eigene, innere Autonomie besitzt, die bereits vorhanden war, bevor man sie zum ersten Mal entdeckte. Mathematische Konzepte sind zeitlose Einheiten, die unsere Existenz überdauern, während sie gleichzeitig eine tiefe Wahrheit darstellen, die weit über die materielle Welt hinausreicht. Seit Anbeginn der Menschheit suchen wir mit unstillbarer Neugier nach den Gesetzen des Universums. Fraktale stellen eine neue Art dar, die Welt zu betrachten, und dies führt uns an Orte, die wir gerade erst kennenlernen.

Kapitel 1

Die Evolution der Geometrie: Mandelbrot und Euklid

„Parallele Geraden treffen sich im Unendlichen!“
Dies erklärte Euklid immer wieder und voller Leidenschaft.
Bis er starb und oben ankam,
nur um festzustellen, dass die verdammten Dinger divergierten!
Piet Hein, *Grooks VI*

Seit Urzeiten versucht der Mensch, das Verhalten und den Aufbau des Universums zu erklären. Man hat sich universale Gesetze erdacht, um die Bewegung der Planeten und die Form der Galaxien zu definieren. Man hat Formeln abgeleitet, die vorhersagen, wie ein Gegenstand fällt, oder um den Flug von Vögeln zu beschreiben. Auf dieselbe Weise haben wir die Anatomie der Lebewesen und die Struktur des menschlichen Gehirns erforscht. Im Allgemeinen teilt sich das Universum in zwei Aspekte: makro und mikro. Der Begriff Makrokosmos wird verwendet, um auf die Menge aller Dinge zu verweisen, die Teil des Universums sind, und die den Maßstab des Menschen überschreiten; Dinge in der Größenordnung unseres Planeten oder noch größer, wie beispielsweise das Sonnensystem, unsere Galaxie oder die Sternenkonstellationen. Im Gegensatz dazu ist der Mikrokosmos die Menge aller Dinge, deren Maßstab kleiner oder gleich dem unsrigen ist, wie beispielsweise die Organe unseres Körpers, Viren oder Moleküle. Die Neugier hat den Menschen immer schon angetrieben, Unsichtbares sehen zu wollen oder zufällige Ereignisse vorherzusagen, was ihn in die Unendlichkeit des Makrokosmos und in die feinsten Verästelungen des Mikrokosmos geführt hat.

Der Glaube, dass es eine Verbindung zwischen Makrokosmos und Mikrokosmos gibt, geht viele, viele Jahre zurück. Im alten Griechenland basierte der Glaube an diese Verbindung darauf, dass das Schema eines Dings – die Gesetze und Muster, die ihm zugrunde liegen – auch in anderen Dingen zu finden sei, beginnend beim Makrokosmos oder Universum bis hin zum Mikrokosmos. Nachdem festgestellt wurde, dass das Verhältnis 1,6180…, nachfolgend auch als „der goldene Schnitt“ bezeichnet, in allen

Arten von Naturphänomenen vorkommt, versuchten die griechischen Philosophen, eine rationale Erklärung für diese Wiederholung zu finden. Dies war ein erster Schritt hin zu einer Theorie der Vereinigung von makro und mikro. In arabischen Schriften um 650 fand man Transkriptionen der *Smaragdtafel.* Die Originaltafel zeigt einen griechischen Text, der dem mythischen Hermes Trismegistos zugeordnet wird (von dem sich das Adjektiv *hermetisch* ableitet) und der vorgibt, das Geheimnis der „Urmaterie" und ihrer Transmutationen zu lüften. Die *Smaragdtafel* ist eine Zusammenfassung des *Magnum Opus*, des eigentlichen Ziels und des Lebenswerks eines Alchemisten. Ihr zweites Gesetz lautet: „*Dasjenige, was oben ist, ist gleich demjenigen, was unten ist. Und dasjenige, was unten ist, ist gleich demjenigen, was oben ist, zu vollbringen die Wunderwerke eines einzigen Dinges.*" Das eigentliche Ziel der Alchemie ist es, diese mysteriöse Beziehung zwischen dem Makrokosmos und dem Mikrokosmos zu verstehen und damit Weisheit – und hoffentlich Reichtum – zu erlangen.

Ein neuer Zweig der Mathematik verschafft uns eine neue Perspektive auf dieses alte Problem. Entstanden aus der großen Familie der Geometrien basiert dieser Zweig vor allem auf zwei grundlegenden Konzepten: Selbstähnlichkeit und Stetigkeit. Im Lauf der Zeit wurden beide Konzepte ausgearbeitet und verfeinert. Wir werden uns in den folgenden Abschnitten so detailliert wie möglich damit befassen und einige extrem interessante mathematische Konstrukte betrachten.

MAKROKOSMOS UND MIKROKOSMOS

Der in Finnland geborene amerikanische Architekt Eero Saarinen hat die Voraussetzung für eine mehrdimensionale Annäherung an die Realität klar und intuitiv ausgedrückt: „Entwerfen Sie Dinge immer unter Berücksichtigung des nächstgrößeren Kontexts – einen Stuhl in einem Raum, einen Raum in einem Haus, ein Haus in einer Umgebung, eine Umgebung in einem Stadtplan." Saarinen war Quelle der Inspiration für den amerikanischen Architekten und Designer Charles Eames und dessen Buch *Zehn Hoch* (und nachfolgende Dokumentationen), eine Abfolge von Bildern in unterschiedlichen Maßstäben, beginnend mit unserer Galaxie bis hinein in den Mikrokosmos lebender Organismen bis hin zum grundlegenden Aufbau der Materie. Der Mittelpunkt des Bildes wird immer beibehalten: Galaxien und Atome, Makrokosmos und Mikrokosmos haben somit alle ein „Verbindungsglied". Dies ist ein extrem leistungsstarkes Werkzeug, um die Idee einer Hierarchie der Maßstäbe sowohl theoretisch als auch visuell zu verstehen. Weitere Informationen über diese Arbeit finden Sie auf der Website http://www.powersof10.com.

Praktisch basiert unsere gesamte aktuelle Wissenschaft auf Mathematik. Nicht umsonst wird der Grad der wissenschaftlichen Reife einer Zivilisation oft daran gemessen, welches Niveau der Mathematik sie anwendet. In dieser Hinsicht war die Geometrie ein grundlegendes Werkzeug für die technologische und wissenschaftliche Evolution aller Zivilisationen, aber gleichzeitig kann man sagen, dass technologische und wissenschaftliche Anforderungen hinter der Entwicklung der Geometrie liegen.

Ein besonders deutliches Beispiel für diese Symbiose finden wir in der chinesischen Kultur. Die Chinesen reisten über den Ozean, ohne jede Angst, sich zu verirren und mit der Zuversicht, dass sie dank der Präzision ihrer kartografischen Projektionen wieder zum Hafen zurückkehren konnten. Auch für die Ägypter war die Geometrie sehr nützlich, als sie die Pyramiden bauten. Der Mathematiker und Astronom Aristarchos von Samos (310-230 v. Chr.) berechnete die Distanz zwischen der Erde und dem Mond mit beachtlicher Genauigkeit, und trotz seiner rudimentären Messungen errechnete der in der nordafrikanischen Kolonie von Kyrene geborene Mathematiker und Astronom Eratosthenes von Alexandria (276-194 v. Chr.) eine sehr genaue Annäherung an den Erddurchmesser. Sehr viel später wurden mit Hilfe des Spiegelteleskops Millionen neuer Sterne entdeckt, und dank der Technik der Sternparallaxe konnten die Distanzen zu einigen der uns am nächsten liegenden Sterne gemessen werden.

Laut Herodot, dem in Halikarnassos geborenen Geschichtsschreiber und Geografen, war die Geometrie im alten Ägypten sehr weit fortgeschritten. Die Griechen gaben zu, dass die Ägypter die Geometrie erfunden hatten, und dass sie viel von ihnen gelernt hatten. Heute bleiben von den ägyptischen Mathematikern nur noch ein paar Formeln für die Berechnung von Volumen, Flächen und Längen. Wir wissen, dass diese für bestimmte Zwecke entwickelt wurden, nämlich um Grundstücke zu vermessen, beispielsweise um nach der jährlichen Überflutung des Nils die Felder zu kennzeichnen. Hier wurde auch der Name γεωμετρία oder *Geometrie* geprägt, „die Vermessung der Erde“ (γῆ = Erde und μετρία = Ausmessung). Als Eratosthenes als Beweis seines Genies den Durchmesser der Erde berechnete, war das Wort *Geometrie* bereits erfunden. Trotz eines anderen etymologischen Ursprungs machte sein Experiment zur Größenbestimmung des Planeten diesem Wort alle Ehre.

Die Geometrie beschäftigt sich mit den Eigenschaften des Raums und legt seit jeher Regeln für die Berechnung von Längen, Winkeln und Oberflächen der verschiedensten Gegenstände fest, denen wir im täglichen Leben begegnen. Das Wesen der Geometrie ist tief in der Wahrnehmung unserer Realität verwurzelt. Alle Informationen, die wir aus der Welt um uns herum ableiten, alles, was wir sehen, hören und berühren, wird zunächst im Hinblick auf die Geometrie verarbeitet ... und unsere daraus resultierenden

ERATOSTHENES UND DIE BERECHNUNG DES ERDRADIUS

Als die Menschen vor vielen Jahren erkannten, dass die Erde rund ist, geschah dies hauptsächlich aufgrund einiger spezifischer Hinweise. Die Positionen der Sterne unterschieden sich maßgeblich, abhängig davon, ob sie von Standorten im Süden oder Norden betrachtet wurden; wenn Schiffe am Horizont verschwanden, dann verschwand immer zuerst der Schiffsrumpf; der Erdschatten am Mond während einer Mondfinsternis war rund … Eratosthenes, Leiter der Bibliothek von Alexandria vor Euklid, leitete eine extrem einfache, aber nichtsdestoweniger überraschende Methode ab, den Radius der Erde zu berechnen.

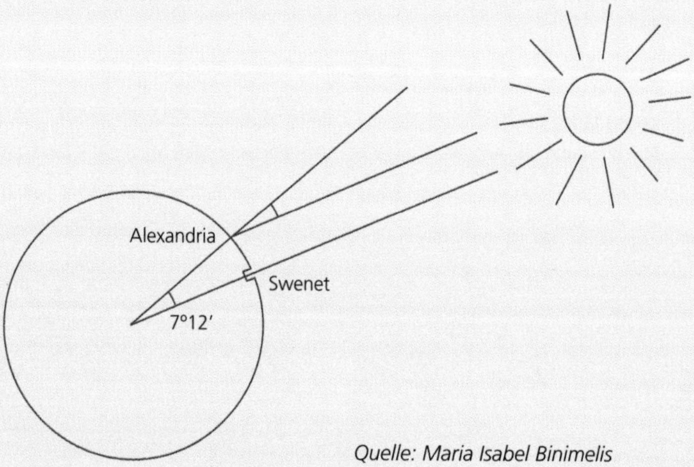

Quelle: Maria Isabel Binimelis

Dank eines Papyrus in seiner Bibliothek wusste er, dass in Swenet (heute Aswan) Objekte am Tag der Sommersonnenwende keinen Schatten hatten, und dass das Sonnenlicht den Boden von Brunnenschächten erreichte. Unter der Annahme, dass Alexandria genau nördlich von Swenet liegt (tatsächlich liegt es eher nordwestlich), und dass die Sonne so weit von der Erde entfernt ist, dass man annehmen kann, dass ihre Strahlen parallel verlaufen, maß er am Tag der Sommersonnenwende den Schatten in Alexandria um 12 Uhr mittags. Damit zeigte er, dass Swenet 7°12′ von Alexandria entfernt liegt. Zuvor hatte er die Distanz zwischen den beiden Städten als 5.000 Stadien geschätzt. Wenn wir annehmen, dass Eratosthenes ein „Stadion" für 185 m verwendete, betrug der Fehler ca. 6.616 km (ca. 17 %). Es gibt jedoch auch Anhänger der These, dass er das ägyptische Stadion (300 Ellen mit je 52,4 cm) verwendete, dann hätte sich ein polarer Umfang von 39.614,4 km ergeben. Im Vergleich zur aktuellen Schätzung von 40.008 km, entspricht dies einem Fehler von weniger als 1 %.

Handlungen sind davon abhängig. Die Pläne für unsere Häuser sowie Landkarten werden häufig an ein quadratisches Raster angepasst. Der Weg eines fallenden Gegenstands, die Planetenumlaufbahnen und der externe Aufbau eines Nautilus, oder die Form, in der ein Stromkabel durchhängt ... alle diese Formen werden durch Formeln und Theoreme aus der traditionellen Geometrie beschrieben. Bis weit in das 19. Jahrhundert hinein hielt die Wissenschaft ihre Augen für andere Formentypen verschlossen.

Die Geometrie ist also ein nützliches und praktisches Werkzeug. Manchmal wird sie jedoch auch verwendet, um unsichtbare Dinge zu beschreiben. In seinem *Timaios*-Dialog beschäftigt sich Platon mit der Materie, aus der alles besteht. Seine Argumentation führt ihn zu fünf grundlegenden Elementen: Feuer, Luft, Erde, Wasser und Äther. Basierend auf einer Reihe logischer Schlussfolgerungen ordnet er jedem davon eine geometrische Form zu – das Tetraeder für das Feuer, das Oktaeder für die Luft, das Hexaeder oder den Würfel für die Erde, das Ikosaeder für das Wasser und schließlich das Dodekaeder für den Äther. Diese fünf Polyeder, nachfolgend als die platonischen Körper bezeichnet, sind die einzig regulären. (Sie wissen, dass ein Polyeder als regulär

Auszüge aus den Zeichnungen „platonische Körper", gezeichnet von Leonardo da Vinci für De Divina Proportione, *das berühmte Werk von Luca Pacioli (Venedig, 1509).*

bezeichnet wird, wenn seine Flächen kongruente reguläre Polygone sind und sich an jedem Eckpunkt dieselbe Anzahl an Flächen trifft.)

Der deutsche Astronom Johannes Kepler (1571-1630) hat zwanzig Jahre lang erfolglos versucht, das Sonnensystem als harmonische Kombination aus Kugeln und regulären Polyedern zu erklären. Er schlug vor, jeden der damals bekannten Planeten in sechs Kugeln anzuordnen, die durch jeweils einen darin enthaltenen Polyeder getrennt waren, sodass alle Planetenbahnen in riesigen Kugeln angeordnet waren.

Der größte der Planeten ist der Saturn, durch einen Würfel vom Jupiter getrennt. Zwischen Jupiter und Mars liegt ein Tetraeder. Zwischen Mars und Erde liegt ein Dodekaeder. Zwischen Erde und Venus liegt ein Ikosaeder. Und zwischen Venus und Merkur liegt ein Oktaeder. Dieses Gerüst schien angesichts der verfügbaren Beobachtungen nachvollziehbar zu funktionieren – außer für die Planetenbahn des Merkur.

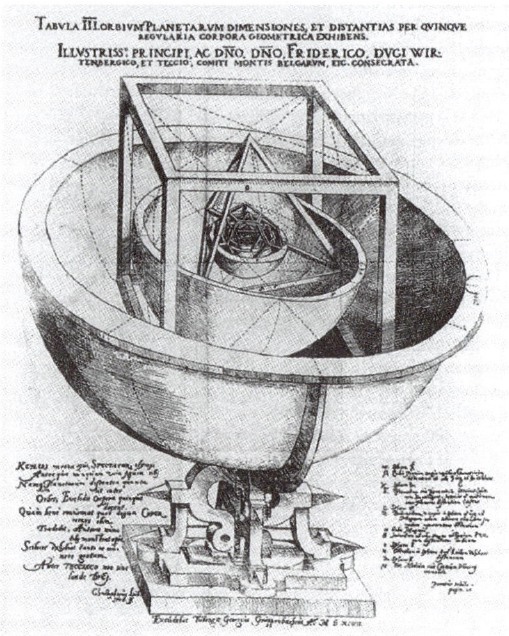

Oben: Johannes Kepler in einem Werk von Mattias Berneggerus. Die Abbildung unten zeigt das platonische Modell des Sonnensystems, konzipiert und beschrieben von dem deutschen Mathematiker in seiner Arbeit Mysterium Cosmographicum *(1596).*

Nachdem er die acht Bogenminuten Abweichung zwischen seiner theoretischen kreisförmigen Planetenbahn (in seiner Sicht die „perfekteste Umlaufbahn“) und den Beobachtungstabellen des Astronomen Tycho Brahe (1546-1601) nicht erklären konnte, erkannte der etwas demoralisierte Kepler, dass er sich vom Kreis verabschieden musste. Letztendlich verwendete er die Ellipse, eine zum damaligen Zeitpunkt exotische Form, nach einer mathematischen Beschreibung des altgriechischen Mathematikers Apollonios von Perge, dessen Arbeiten über Kegelschnitte aus der Bibliothek von Alexandria vor ihrer Zerstörung gerettet wurden. Und Kepler stellte fest, dass sie perfekt zu den experimentellen Messungen von Brahe passte.

Die grausame Gottheit

Bevor wir uns weiter mit den verschlungenen Pfaden der Geometrie durch die Geschichte beschäftigen, wollen wir kurz innehalten, um zu untersuchen, warum der Mensch, wie bereits angesprochen, seine Umgebung erklären will. Dazu ist es hilfreich, das Konzept des „Chaos“ einzuführen.

In der klassischen Lehre wurden Kosmos und Chaos als entgegengesetzte Elemente betrachtet, und sie werden häufig mit Ordnung und Unordnung gleichgesetzt. Wie in vielen Sagen zur Entstehungsgeschichte, insbesondere in den Sagen des griechischen Dichters Hesiod, wird das Chaos als Gottheit personifiziert, der Gott Chaos[1]. Im Gegensatz dazu ist der Kosmos keiner göttlichen Person zugeordnet. Der Begriff „Chaos“ ist aus der Wurzel *ghen* abgeleitet, das aus der proto-indoeuropäischen Sprache stammt und so viel wie „Kluft“ oder „Lücke“ bedeutet. Die Erklärung dafür ist möglicherweise, dass man zu der Zeit, zu welcher der Begriff geprägt wurde, annahm, dass das Chaos den Raum zwischen Himmel und Erde füllt. Erst später, nach der linguistischen Evolution, wurde es mit „Unordnung“ assoziiert. Seit den frühesten Tagen der Menschheit gibt es Phänomene, die wir nicht verstehen, die Überraschung oder Angst verursachen, und die man häufig allgemein als die „Welt des Chaos“ bezeichnet. Wie Hesiod in seiner vor ca. 2.700 Jahren geschriebenen *Theogonie* erklärt, entstanden die Götter genau deshalb, um Ordnung in das Chaos zu bringen und damit der vom Menschen empfundenen Unsicherheit ein Ende zu setzen. Die Geschichte der Wissenschaft beinhaltet ebenfalls die Forderung nach Ordnung im Chaos, und die Mathematik hat sich als unverzichtbares Werkzeug bei dieser Suche erwiesen.

---

1 Im Gegensatz zu Hesiod betrachtet die orphische Tradition Chaos als Nachkommen von Chronos und Ananke.

Genau wie die Götter haben auch die Menschen versucht, Ordnung in das Chaos zu bringen. Seit jeher sind wir auf der Suche nach mathematischen Erklärungen für diese Erscheinungsformen der Natur, um sie in eine bestimmte Ordnung zu bringen. Aber was machen wir mit den Dingen, die sich als nicht konform zu diesen Regeln erweisen? Laut den berühmten Wissenschaftsautoren Ian Stewart und Martin Golubitsky bietet das Chaos neue Regeln für die Gesetzmäßigkeiten einer scheinbaren Unordnung. Wir versuchen, Definitionen zu finden, wörtlich verstanden dürfte es jedoch für das Chaos überhaupt keine Regeln geben. Stewart und Golubitsky sprechen letztlich von einer ganz speziellen Art von Chaos: dem mathematischen Konzept, das aus dem Gerüst der Theorie dynamischer Systeme entstanden ist.

AM ANFANG WAR DAS CHAOS

Viele Jahre lang war man der Meinung, diese Büste zeige den römischen Philosophen Seneca. Heute geht man jedoch davon aus, dass sie Hesiod darstellt.

Die *Theogonie* des griechischen Autors Hesiod (8. Jahrhundert v. Chr.) beginnt mit der Geburt des Universums aus dem Chaos, einer weit entfernten, ewigen Unendlichkeit, wo sich die Elemente ohne Richtung bewegen. Im Herzen dieser uranfänglichen Unendlichkeit gibt es nebeneinander zwei undefinierte Schwestereinheiten, Erebos (Dunkelheit) und Nyx (Nacht). Nachdem die beiden voneinander und von ihrer Mutter Chaos getrennt wurden, brachten sie ihre Gegensätze und Ergänzungen hervor: Aether (Licht) und Hemera (Tag). Tag und Nacht bilden zusammen die Zeit.

Anschließend, aber nicht aus Chaos, kommen: Gaia, die Urmutter, Element der Stabilität, die Chaos entgegentritt und alles hervorbringt, was existiert; Eros, die Liebe, erster Erschaffer des Lebens; und Tartaros, die Unterwelt. Gaia gebärt alles, was im Universum noch fehlt, und dies ohne jedes Mitwirken eines männlichen Partners: Uranus (den Himmel), der sie bedeckt und vollständig umgibt. Mit dem bereits gebildeten Paar aus Himmel und Erde teilt sie die Welt in einen symmetrischen und ausgeglichenen Kosmos auf.

Ihrem Wortsinn nach hätte die Theogonie eigentlich die Sage der Geburt der Götter sein sollen. Hesiod beginnt jedoch mit einer Kosmologie, d. h. mit der Geburt des „geordneten Universums". Die Geburt der Götter erfolgt später, wie er erklärt.

Eine Momentaufnahme der Komplexität, der Städteentwicklung und der Linguistik

Die meisten Wissenschaftler stimmen Paul Dirac zu, dem britischen Nobelpreisträger für Physik, der erklärte: „Physikalische Gesetze müssen mathematische Eleganz besitzen." Das Verlangen, das gesamte Universum mit einer logischen, einfachen und eleganten Theorie zu erklären, gab es immer schon. Die Theorie von Platon war eine der ersten, welche die Materie (die fünf Elemente) und die Geometrie (die fünf Polyeder) in Zusammenhang brachte. Viele Jahre später folgten ihr die wissenschaftlichen und mathematischen Theorien von Männern wie Hendrik Lorentz, Henri Poincaré, Hermann Minkowski und Albert Einstein, die allgemeine Ideen vorschlugen, die zusätzlich zu Materie und Geometrie auch Raum und Zeit beinhalteten.

Die Wissenschaftler suchen nach einem allgemeinen Gesetz, das sowohl einfach als auch elegant ist – kann man dann gewissermaßen nicht auch behaupten, dass die Menschheit ganz natürlich zur Einfachheit neigt? Der Kreis ist die gebräuchlichste geometrische Form, dicht gefolgt vom Quadrat, vom Dreieck, vom Fünfeck und anderen regelmäßigen Polygonen. Dann wären da noch die Kegelschnitte (die Ellipse, die Hyperbel und die Parabel), Spiralen und andere nennenswerte Kurven. Diese Formen werden als die „reinsten" betrachtet. Im Lauf der Zeit wurden sie fast idealisiert, und man ordnet ihnen größte symbolische Bedeutung zu, um die Umgebung aller menschlichen Niederlassungen zu erklären. Mit Sicherheit sind sie archetypische Figuren in dem vom Psychologen Carl Jung verwendeten Sinne, und sie wurde zu allen Zeiten reichlich verwendet, egal ob sakral oder profan. In der Architektur beispielsweise finden wir den Kreis in Stonehenge und in römischen Amphitheatern und Basiliken. Quadrat und Dreieck in Pyramiden und Zikkuraten. Das Fünfeck in zahlreichen dekorativen Mustern. Diese Liste ließe sich endlos fortsetzen.

Es gibt jedoch noch andere Zusammenhänge. Ron Eglash, Anthropologe am Rensselaer Polytechnic Institute in New York, hat sich mit Architektur, Bildhauerei, Stoffmustern, Spielen und anderen kulturellen Formen in Afrika beschäftigt. Eglash konnte beobachten, dass die Muster, die in unterschiedlichen Kulturen verwendet werden, durch spezifische Designs charakterisiert werden können. In Europa und Amerika finden wir häufig Städte mit einem rechtwinkligen Muster gerader Straßen. Im Gegensatz dazu verwenden traditionelle afrikanische Siedlungen gemischte Strukturen, wie beispielsweise rechteckige Mauern, die immer kleiner werdende Rechtecke umschließen, und Straßen wie breite Alleen, die sich mit komplexen und geometrischen Wiederholungen in schmale Pfade verästeln. Solche Strukturen der Eingeborenen sind nicht auf die Architektur begrenzt. Man findet ihre sich wiederholenden Muster in den unterschiedlichsten Designs. Außerdem stellte Eglash fest, dass viele Städte in ganz Afrika so aufgebaut sind, dass sie die soziale Hierarchie widerspiegeln. Der Status der Einwohner bestimmte, wo in der Stadt sich ihr Haus befinden durfte.

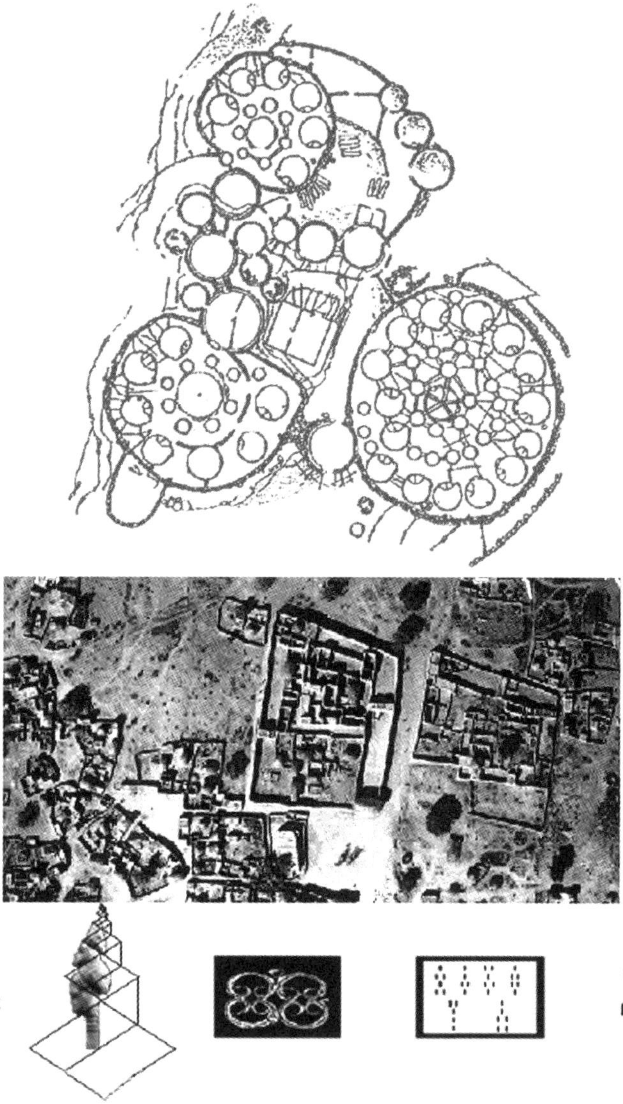

Der Anthropologe Ron Eglash entdeckte verschiedene Arten fraktaler Siedlungen, einige davon auf Rechtecken basierend, die anderen auf Kreisen, wie im oberen Bild dargestellt. Das mittlere Bild zeigt eine Siedlung aus Kamerun, mit selbstähnlicher Morphologie. Das untere Bild zeigt eine morphologische Studie verschiedener Produkte aus der Kultur der Eingeborenen von Kamerun.

Trotz einiger offensichtlicher grundlegender Gegensätze, wie sie Eglash entdeckt hat, ist klar zu erkennen, dass auch die mittelalterlichen Kerne der meisten europäischen Städte höchst irreguläre Formen aufweisen. Man geht davon aus, dass sich diese urbanen Modelle historisch wie ein biologischer Organismus entwickelt haben, d. h. um verschiedene wichtige Aktivitäten zu optimieren.

Diese Hypothese basiert auf der Komplexitätstheorie und zeigt, wie diese Gesellschaften die nicht linearen Aspekte ihrer Organisation genutzt haben, um verschiedene Beziehungen mit ihrer Umgebung aufrechtzuerhalten. Unbewusst wurden bestimmte dynamische Ökosysteme imitiert. Säulengänge, Arkadengänge, Reihen schmaler Gebäude mit geraden Kreuzungen … all diese architektonischen Elemente erinnern an eine durchlässige Membran mit Durchgängen, die einen Austausch zulassen. Je größer die Segmentierung ist (d. h. je mehr dieser Durchgänge es gibt), desto besser funktioniert die Informationsübermittlung.

Das Layout einer traditionellen westlichen Stadt, wie beispielsweise Barcelona, weist viele Ähnlichkeiten mit Netzstrukturen auf, die man bei verschiedenen Lebewesen findet, beispielsweise in einem Insektenflügel.

SPANISCHE STÄDTE: EIN SCHMELZTIEGEL DER EINFLÜSSE

Wie lebende Organismen kann man sich auch Städte als Gewebe vorstellen, die sich im Lauf der Zeit entwickeln. Der städtische Raum, verstanden als Umwandlung des ländlichen Raums, und damit der Natur, führt zur Entstehung von zwei verschiedenen Typologien: Straßen (leerer Raum) und Gebäude (belegter Raum). Die Morphologie und die Entwicklung dieser Gewebe sind Produkte der städtischen Entwicklungsaktivitäten, die wesentlich von der Kultur beeinflusst wurden. In Spanien beispielsweise folgen die Städte einem Modell, das vier Entwicklungszeiträumen entspricht:

- Die klassische mediterrane Stadt, abgeleitet von der griechisch-römischen Tradition.
- Mittelalterliche muslimische und christliche Städte, gefolgt von den Transformationen der Renaissance, des Barocks und der Aufklärung.
- Die vorindustrielle moderne Stadt, gefolgt von der industriellen Stadt.
- Die postindustrielle Stadt und die Vororte.

Alte spanische Städte wandeln sich in einen einzigartigen Raum um der sich von den restlichen Metropolen vollständig unterscheidet. Sie sind extrem kompakte und strukturierte dendritische Netzwerke (d. h. sie haben zahlreiche Verästelungen), die sich von typischen Fokuspunkten aus erstrecken, wie beispielsweise Festungen, Moscheen, Kirchen und Klöstern. Die vollständige Stadt ist deutlich begrenzt durch ein bauliches Element, wie beispielsweise die Stadtmauer.

Nachdem sich die grundlegenden Anforderungen bestimmter Städte geändert haben, weil andere Aufgaben erfüllt werden mussten, erkennt man eine Metamorphose des ursprünglichen Städtegrundrisses. Die Erneuerungspläne mussten die ursprünglichen Bedürfnisse nicht mehr berücksichtigen. Während es beispielsweise früher sehr wichtig war, dass ein Austausch zwischen sehr kleinen Gruppen stattfand, sind jetzt vor allem Geschwindigkeit und der Transport vieler Menschen von größter Bedeutung. Großflächige Planungen basierend auf „kreisförmigen“ Autobahnringen, Ringstraßen und Einteilungen mit rechteckiger Straßenführung werden umgesetzt, um einen Zusammenbruch der Stadt zu verhindern. Sind „einfache“ geometrische Formen für diese Aufgabe am besten geeignet? Ist eine bessere Planung möglich?

Städte – mehr als nur Landkarten

Die Formen von Städten sind das Ergebnis eines langen, wiederholten Bauprozesses, der den physischen Standort berücksichtigt. Daran waren viele Menschen beteiligt und haben unabhängig voneinander Entscheidungen getroffen, die schließlich zu einer modernen Stadt geführt haben – einer Einheit, die nicht mehr mit der euklidischen Geometrie erklärt werden kann. Man braucht eine mehrdimensionale Annäherung, die Beobachtungen aus unterschiedlichen Distanzen anwendet, und die die Beziehung zwischen allen Standpunkten beibehält.

Betrachten wir die Stadt unter Verwendung unterschiedlicher Maßstäbe, erkennen wir, dass die in einem Maßstab erkannten Formen den Formen ähnlich sind, die wir bei Anwendung anderer Maßstäbe im Detail erkennen. Wir können also schließen, dass es grundlegende Ähnlichkeiten zwischen der Verästelung von Bäumen und städtischen Straßennetzen gibt. Es liegt also nahe, dass sowohl Wachstum in der Natur als auch Städteentwicklung durch eine Kombination aus Wiederholung und Zufall entstehen.

Die Bildung neuer städtischer Zonen in der modernen westlichen Stadt ist also ein Ausdruck der Vernunft und der bürgerlichen Ordnung, einer Typologie, die eine grenzenlose euklidische Logik reflektiert, die das gesamte Gebiet dominiert. Wir versuchen immer, euklidische Formen (Kreise, Quadrate, Würfel usw.) auf die reale Welt anzuwenden, obwohl diese auf einer rein mathematischen Abstraktion fußen und sich als solche in unserem Bewusstsein wiederfinden. Letztlich widersetzt sich jedoch die Realität einer solchen Ordnung und Vereinfachung und setzt die Komplexität ihrer eigenen Natur durch. Das Ergebnis ist eine irreguläre Geometrie, die auf den Beziehungen zwischen den Objekten und ihren Teilen in unterschiedlichen Maßstäben basiert. Um diese irreguläre Realität zu verinnerlichen, müssen wir ein alternatives geometrisches Modell finden, das auf diesen Beziehungen basiert, ohne auf ideale geometrische Formen zurückzugreifen.

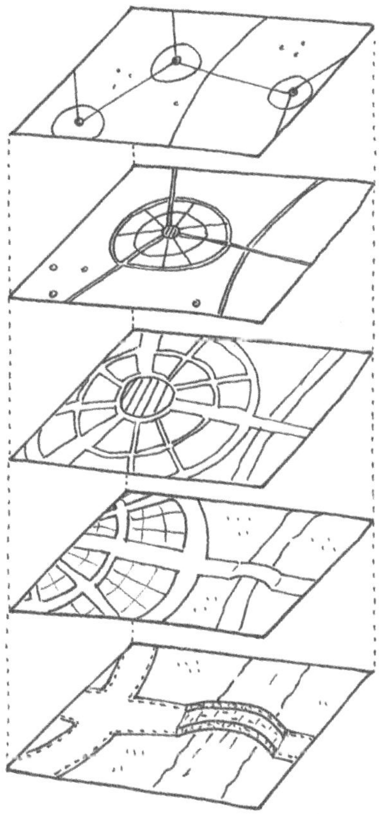

Aufeinanderfolgende Annäherungen einer städtischen Struktur, die zeigt, dass die Formen der größeren und kleineren Maßstäbe selbstähnlich sind. (Quelle: Laura Elisabeth Violant.)

Geometrie und Linguistik: Ist geometrisches Denken angeboren?

Trotz der obigen Ausführungen verwenden wir bei der Vermessung oder bei der Markierung bestimmter Grenzen häufig ein Rechteck oder ein Viereck, wie beispielsweise bei der Einteilung von Land in Grundstücke.

Es hat den Anschein, als hätten wir schon immer Rechtecke verwendet. Tatsächlich ist das Rechteck die gebräuchlichste geometrische Form, gemeinsam mit Kreis, Spirale und Kreuz. Aus diesem Grund haben einige Forscher nach Belegen gesucht, dass dem Menschen geometrische Konzepte angeboren sind, und dass keine Sprache oder Kultur notwendig ist, damit sie auftreten. Um dies zu erforschen, führte man Vergleichstests an Kindern und Erwachsenen aus dem Stamm der Mundurukú am Amazonas durch, die nach der Ankunft der europäischen Eroberer mehr als vier Jahrhunderte von unserer Zivilisation getrennt lebten. Ihre primitiven Geometriekenntnisse zeigen, dass unsere Spezies eine gewisse geometrische Intuition besitzt, die unabhängig von Kultur und Ausbildung ist, und die ihre Wurzeln in einer Erfahrung hat, die bereits vor der Kenntnis von Karten oder grafischen Symbolen einzuordnen ist, und selbst vor einer Sprache mit geometrischen Begriffen. Diese Erkenntnisse führten zu einer Revolution in der Neurologie, Anthropologie, Psychologie und Hermeneutik – alles Disziplinen, die nicht belegen konnten, ob die Sprache die Triebkraft für solch gemeinsames Wissen ist.

Mitglieder des Stammes der Mundurukú, dargestellt vom französischen Künstler und Fotografen Hércules Florence, 1828.

Die moderne Linguistik hat allgemeine semantische Merkmale gefunden, die alle Sprachen gemeinsam haben, ebenso wie ähnliche Klänge, aus denen sich die Wörter der gesprochenen Sprache zusammensetzen. Ist dies der Schlüssel, um zu erkennen, dass es wie in der Sprache auch allgemeine geometrische oder arithmetische Merkmale gibt, die allen Menschen gemein sind, ohne dass sie ihnen vorab beigebracht wurden? War das Wissen vor der Erfahrung da? Ist es vererbt oder angeboren? Handelt es sich womöglich um genetische Eigenschaften, wie der Linguist und Philosoph Noam Chomsky darlegte? Im Jahr 1957 revolutionierte der damals erst 29-jährige Chomsky den Bereich der theoretischen Linguistik mit der Veröffentlichung von *Syntactic Structures*. Bis zu diesem Zeitpunkt war man der Ansicht, dass das Erlernen der Sprache, wie jede andere menschliche Fertigkeit, ein Produkt des Lernens und Assoziierens sei. Chomsky zeigte die Existenz eines angeborenen Mechanismus in unserem Gehirn auf, des „Sprachorgans", das uns ermöglicht, die Sprache fast intuitiv zu erlernen und zu nutzen. Darüber hinaus bewies er, dass die allgemeinen Grundlagen der Grammatik in allen menschlichen Kulturen gleich sind, und sprach von der Existenz einer Universalgrammatik.

Die Bedeutung von Euklid

Etwa um 323 v. Chr., zum Zeitpunkt des Todes Alexanders des Großen, hatte der Ruhm der griechischen Wissenschaft alle von ihm eroberten Länder erreicht. Es ist also kaum verwunderlich, dass Ptolemaios I., Pharao von Ägypten, auf der Suche nach erfahrenen Wissenschaftlern nach Athen kam, als die größte Stadt Alexanders, das ägyptische Alexandria, sich zu einem wichtigen Kulturzentrum entwickelte. Euklid wurde beauftragt, die Schule der Mathematik zu leiten.

Der erste Philosoph, der Euklid erwähnt, war Proklos im Jahr 800, der die Geburt des griechischen Mathematikers auf ca. 300 v. Chr. datiert. Dieses historische Datum ist nicht belegt, aber zweifellos war es Euklid, der das gesamte zum damaligen Zeitpunkt bekannte mathematische Wissen geordnet, bestimmte Arbeiten optimiert und unwiderlegbare Beweise für Dinge erbracht hat, die seine Vorgänger noch nicht mit ausreichender Stringenz formulieren konnten. Vor Euklid war die Mathematik in verschiedene unzusammenhängende Bereiche unterteilt. Sein Werk verband diese Bereiche zu einer Sammlung zusammenhängender Systeme.

Der griechische Mathematiker Euklid, dargestellt vom flämischen Maler Justus van Gent.

Wir wissen, dass Euklid zwölf Bücher geschrieben hat, von denen nur fünf die Zeit überdauert haben: *Elemente, Data, Über die Teilung der Figuren, Phainomena* und *Optika*. *Elemente* war ein Standardlehrbuch an allen Universitäten und Zentren für mathematische Forschungen für mehr als zweitausend Jahre[2]. Man geht davon aus, dass etwa 1.500 Ausgaben in Sprachen wie unter anderem Griechisch, Arabisch und Latein veröffentlicht wurden. Bis in die zweite Hälfte des 20. Jahrhunderts war es eins der am meisten verkauften Bücher aller Zeiten.

Elemente ist eine der elegantesten, umfangreichsten und ältesten wissenschaftlichen Arbeiten, die in unsere Zeit überliefert wurden. Es besteht aus 13 Bänden: sechs über die ebene Geometrie, drei über die Arithmetik, einem über Messungen und weiteren drei über räumliche Geometrie. Sein Ziel war es, die Grundlagen mathematischer Kenntnisse ohne praktische Anwendung darzulegen, und die Arbeit besaß einen Grad an Perfektion, dass es bis Ende des 19. Jahrhunderts dauerte, diesen zu übertreffen[3]. Seine Theoreme waren Aussagen zu „Wahrheiten" über die Welt, in der wir leben, und niemand konnte sich eine andere Geometrie vorstellen.

Um zu verstehen, warum Euklid so viel Energie für eine so umfangreiche und präzise Sammlung aufgewendet hat, müssen wir zurück zu den Pythagoreern gehen. Nachdem sie die Länge der Diagonalen eines Einheitsquadrats untersucht hatten, erkannten sie, dass die resultierende Zahl, $\sqrt{2}$, irrational war. Das bedeutet, sie kann nicht als Bruch aus zwei ganzen Zahlen dargestellt werden. Damals sagte man, die Diagonale ist inkommensurabel im Hinblick auf die Seiten. Diese Tatsache, die uns kaum noch überrascht, wurde von einigen Griechen, unter ihnen Pythagoras, als solches Desaster für die Mathematik betrachtet, dass sie sogar die Grundlagen ihrer Kosmologie erschütterte. Euklid, der mit dem Wissen der pythagoreischen Schule vertraut war, und insbesondere mit dieser größten aller Krisen, wollte die Geometrie auf solide Pfeiler stellen, die zusammen mit einer unwiderlegbaren Logik eine Reihe beständiger gültiger Ergebnisse einrichten würden.

Er musste jedoch ein kleines logisches Problem lösen. Alle Beweise gehen von einer oder mehreren Hypothesen aus, um ein Ergebnis zu erzielen, das auch als Theorie bezeichnet wird. Die Wahrheit einer Theorie ist von der Gültigkeit des Arguments

---

2 Ausgehend von den modernen Präzisionsstandards behauptete jedoch Bertrand Russell, dass das vierte Theorem in *Elemente* ein „sinnloser Schritt" sei, und erklärte, dass es skandalös sei, dass diese Arbeit in seiner Zeit noch als Lehrbuch verwendet werde.

3 1899 schrieb der deutsche Mathematiker David Hilbert *Die Grundlagen der Geometrie*, eine Arbeit, die auf 21 Axiomen oder Postulaten basierte, Theoreme aus der elementaren metrischen Geometrie bewies und verschiedene Unzulänglichkeiten im Werk Euklids korrigierte.

abhängig, unter dessen Verwendung sie abgeleitet wurde, ebenso wie von der Wahrheit der Hypothesen (dies wurde auch von Aristoteles in seinem Werk *Logik* untersucht). Um die Wahrheit der Hypothesen bestimmen zu können, müssen sie alle jeweils als Theorie eines weiteren Arguments betrachtet werden, dessen Hypothesen ebenfalls überprüft werden müssen. Dies führt zu einem offenbar endlosen Prozess, in dem alle Hypothesen zu Theorien werden, die bewiesen werden müssen.

Euklid erkannte, dass nicht alle mathematischen Aussagen bewiesen werden können, und dass einige davon einfach als grundlegende Annahmen akzeptiert werden müssen. In *Elemente* zeigt er ein Beispiel dafür, was als die axiomatische Methode bekannt ist, ein wichtiger Wendepunkt in der Geschichte der Mathematik. Euklid arbeitete mit drei Arten von Hypothesen: Definitionen (insgesamt 23, die verwendet werden können, um die Bedeutung bestimmter Begriffe abzurufen), Postulaten (insgesamt fünf) und Axiomen (oder allgemeinen Auffassungen[4], ebenfalls fünf).

Die Begründung für das axiomatische System, auch als deduktives System bezeichnet, ist die bestimmende Regel für die gesamte moderne Mathematik. Einige der Sätze und Theoreme scheinen jedoch fehlerhaft zu sein, wenn sie einer strengen Analyse unterzogen werden. Beispielsweise geht Euklid von einem Prinzip aus, das seitdem als falsch bewiesen worden ist: *Nur* eine Gerade durchläuft zwei Punkte. Nichtsdestoweniger hat es mehr als 2.000 Jahre, bis zum Beginn des 19. Jahrhunderts, gedauert, diese Fehler aufzuzeigen[5].

Einer der Inhalte von *Elemente*, der die Ursache für die meisten Studien und Kontroversen war, ist das fünfte Postulat: „Durch einen Punkt, der nicht auf einer Geraden liegt, kann nur eine Parallele laufen[6].“ Dieses Postulat sah aus wie ein Theorem – es

4 Laut Proklos verwenden Aristoteles und andere Logiker die Begriffe „allgemeine Auffassung“ und „Axiom“ synonym, obwohl Axiome (axiomata) nie in *Elemente* erwähnt werden und Aristoteles lieber von Prinzipien (archai) oder allgemeinen Voraussetzungen (ta kona) oder Grundlagen (ta protal) spricht. Die Form der Postulate und der allgemeinen Auffassungen scheint geometrisch zu sein, während letztere vermutlich allen Bereichen der Mathematik gemein sind. Allgemeine Auffassungen drücken grundlegende Eigenschaften mathematischer Objekte aus, während Postulate die geometrischen Operationen beschreiben, die durchgeführt werden können. Unter einem Postulat verstehen wir, was wahrgenommen wird, was ausdrücklich als möglich beschrieben wird. Heute ist ein Axiom keine offensichtliche Wahrheit, sondern ein logischer Ausdruck, der in der Schlussfolgerung verwendet wird. Es scheint, „Postulat“ ist ein archaisches Synonym für „Axiom“ geblieben.

5 Ein weiterer Fehler von Euklid war, mindestens zwei weitere Postulate wegzulassen: Zwei Kreisumfänge, die weniger als um ihren doppelten Radius voneinander getrennt sind, schneiden sich in zwei Punkten. Zwei Dreiecke mit zwei gleichen Seiten und dem gleichen durch diese beiden Seiten gebildeten Winkel sind gleich.

6 Die ursprünglich äquivalente Aussage lautet: „Wenn eine Gerade weitere zwei Geraden in derselben Ebene schneidet, sodass die Innenwinkel der einen Seite eine Summe von weniger als zwei rechten Winkeln ergeben, schneiden sich diese beiden Geraden in einem Punkt, der auf derselben Seite der betreffenden Winkel liegt.“

scheint zu beweisen zu sein. Schüler und Kommentatoren von *Elemente* waren sich der wenig intuitiven Natur bereits bewusst, und es wurde von Euklid selbst sparsam verwendet, als ob er dies gerne vermieden hätte – er leitete zunächst etwa dreißig Theoreme ab, bevor er darauf zurückgriff. Dies führt uns zu der Annahme, dass Euklid versucht hat, es zu beweisen, erkannte, dass ihm dies nicht möglich war, und er hat es dann einfach den anderen hinzugefügt.

Dies führte in nachfolgenden Generationen an Mathematikern zu dem Bestreben, diesen „Mangel" zu korrigieren. Sie versuchten unermüdlich, das Postulat zu beweisen. Dies sollte zwanzig Jahrhunderte dauern. All diejenigen, die dachten, sie hätten es bewiesen, hatten stattdessen nur ein weiteres unbewiesenes Postulat eingeführt[7]. Diese erfolglosen Versuche sorgten dafür, dass der Beweis zum vierten der berühmtesten Probleme in der griechischen Mathematik führte, zusammen mit der Quadratur des Kreises, der Dreiteilung eines Winkels und der Verdoppelung des Quadrats. Erst im 19. Jahrhundert bewiesen Carl Friedrich Gauß und Nicolai Lobatschewski jedoch endgültig, dass es überhaupt nicht bewiesen werden kann. Diese außergewöhnliche Erkenntnis erschütterte die Gewissheit, dass die Geometrie von Euklid die einzige möglich ist, und bereitete den Weg für die sogenannten nichteuklidischen Geometrien, die wir noch beschreiben werden.

Die Geburt der unendlichen Geraden

In der Renaissance führten die neuen Anforderungen der künstlerischen und technischen Darstellungen dazu, dass die Wissenschaftler und Künstler neue geometrische Techniken erforschten, die ihnen eine bessere Möglichkeit boten, die Realität darzustellen. Persönlichkeiten wie Filippo Brunelleschi, Leonardo da Vinci und Luca Paccioli traten auf, um nur einige der bekanntesten zu nennen. Deren Ziel war es, ihren zweidimensionalen Arbeiten Tiefe zu verleihen. Ihre Bemühungen führten zu den praktischen Grundlagen dessen, was später als „Perspektive" bezeichnet werden sollte[8].

---

7 Ein falscher Beweis, der Thales von Milet zugeordnet wird, basiert auf der Hypothese, dass es ein Rechteck mit vier rechten Winkeln gibt. Es ist jedoch unmöglich, die Existenz von Rechtecken zu zeigen, ohne das Parallelpostulat für gültig zu erklären.

8 Die lateinische Etymologie des Worts „Perspektive" leitet sich aus dem Verb *perspicere* ab, „klar sehen", was äquivalent mit dem griechischen Wort *optike*, „Optik", ist. „Perspektive" bezeichnete also ursprünglich die Studie der Phänomene im Hinblick auf die Vision, und genau das war die Bedeutung in der klassischen und mittelalterlichen Welt. Was nach der Renaissance unter dem Begriff „Perspektive" verstanden wird, ist Thema einer anderen Disziplin in der alten Geschichte: *Scaenographia*, die sich mit Architekturzeichnungen und Theaterszenen beschäftigte.

Wie bereits erwähnt, ist die Mathematik des euklidischen Raums eine der Grundlagen der modernen Denkweise in den unterschiedlichsten Bereichen, wie beispielsweise den Naturwissenschaften, der Humanwissenschaft und der Kunst. Für Euklid war der mathematische Raum ein leerer und absoluter Raum, in dem nicht nur bildhafte und künstlerische Darstellungen, sondern auch die eigentliche Realität konstruiert wurde. Dies ist der Raum der Perspektive, die ohne das Wunder der euklidischen Mathematik, also ohne die Mathematik des linearen Raums, unmöglich wäre.

Das Fresko *Die Schule von Athen* von Raphael ist ein berühmtes Beispiel für die Anwendung der Perspektive. Es zeigt alle wichtigen griechischen Gelehrten in einem grandiosen architektonischen Rahmen. Raphael hat Euklid rechts im Fresko platziert, nach unten gebeugt und von Schülern umgeben. Auch Pythagoras ist im Fresko anwesend. Er sitzt in der anderen Ecke und schreibt auf einer Tafel. Pythagoras und Euklid befinden sich in den unteren Ecken der Arbeit und sind Ausgangspunkt für zwei imaginäre Geraden, die zur Mitte der Komposition führen, wo sich Platon und Aristoteles befinden, näher zum Horizont platziert, wo sie in der Unendlichkeit verschwinden.

Die Schule von Athen*: Neben Euklid und Pythagoras zeigt das Fresko von Raphael auch die folgenden Figuren: Zeno von Citum, Epikur, Anaximander, Averroes, Alexander den Großen, Xenophon, Hypatia, Parmenides, Sokrates, Diogenes von Sinope, Plotinus, Archimedes, Zoroaster, Claudius Ptolemäus, Protogenes und Raphael selbst, dargestellt durch Apelles.*

Ein Schritt in Richtung Unendlichkeit: Projektive Geometrie

Die formellen Grundlagen und grundlegenden Prinzipien der sogenannten projektiven Geometrie wurden von Gérard Desargues (1591-1661) geschaffen. Der französische Mathematiker beobachtete – wie es jedem von uns möglich ist –, dass ein Kreis, wenn er perspektivisch gesehen wird, die Form einer Ellipse annimmt, und dass der von einem kreisförmigen Objekt auf eine Wand projizierte Schatten kreisförmig, elliptisch, parabolisch oder ein Zweig einer Hyperbel ist, abhängig von der Neigung des Objekts. (Die vier eben erwähnten Kurventypen, der Kreis, die Ellipse, die Parabel und die Hyperbel, werden als Kegelschnitte bezeichnet.) Diese Beobachtung entspricht der Aussage, dass die Projektion eines Objekts (in unserem Fall sein Schatten) eine Form in eine andere umwandelt[9].

Basierend auf diesen Ideen konnte Desargues geometrische Objekte vereinfachen, indem er zwei neue Konzepte einführte: den Punkt in der Unendlichkeit bzw. den idealen Punkt, sowie die Linie in der Unendlichkeit bzw. die ideale Linie. Es gibt ideale Punkte auf der Ebene, die jeweils einer bestimmten Richtung zugeordnet sind. Sie alle kennzeichnen die Gerade in der Unendlichkeit. Analog dazu gibt es im Raum unendlich viele ideale Geraden, nämlich so viele, wie es Richtungen gibt, die alle die Ebene in der Unendlichkeit bilden. Nach diesem Modell trifft sich ein Paar paralleler Geraden in dem Punkt in der Unendlichkeit, einem idealen Punkt, der durch die Richtung der Steigung der Geraden vorgegeben ist. Das bedeutet, jeder Steigung kann ein Punkt in der Unendlichkeit zugeordnet werden.

Auf dieselbe Weise schneiden sich zwei parallele Ebenen an einer Geraden in der Unendlichkeit, d. h. an einer idealen Linie. Damit können wir sagen, dass zwei Geraden auf derselben Ebene (koplanar) immer einen gemeinsamen Punkt (real oder ideal) haben, und dass zwei Ebenen im Raum immer eine gemeinsame Linie haben (real oder ideal). Die Parabel ist eine Ellipse mit einem idealen Punkt, und die Hyperbel ist ebenfalls eine Ellipse, allerdings mit zwei idealen Punkten. Dies ist die Grundlage des Prinzips der Dualität für jedes Theorem, das Punkte und Linien miteinander in Beziehung setzt. Wenn in einem solchen Theorem „Punkte" durch „Ebenen" ersetzt werden und „durchlaufen" oder „durchschneiden", erhält man ein weiteres gültiges Theorem. So hat das Theorem „Nur eine Gerade durchläuft zwei Punkte, die nicht zusammenfallen" eine Entsprechung in: „Zwei Geraden, die nicht zusammenfallen, schneiden nur eine Ebene".

9 Technisch betrachtet, bezieht sich der Begriff „Projektion" auf die geometrische Transformation, die die harmonischen Vierecke unverändert lässt, oder die Proportion der Segmente, die durch die vier Punkte *A*, *B*, *C* und *D* bestimmt sind, sodass $AB/CB = DA/DC$.

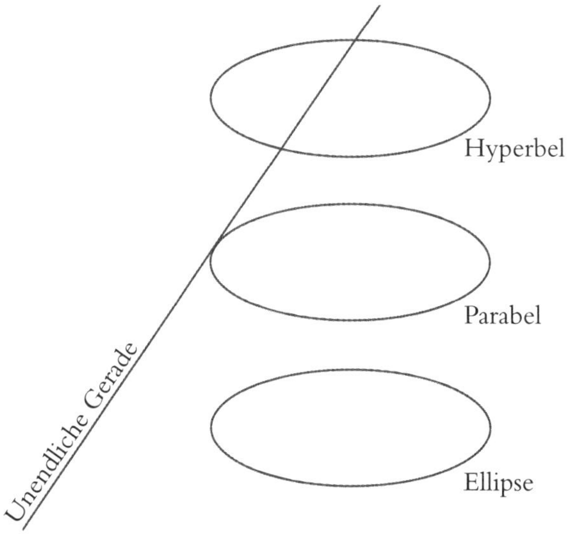

Nach der neuen Vorstellung von Desargues grenzen sich die Kegelschnitte durch die Anzahl ihrer idealen Punkte voneinander ab.

Bis zu diesem Zeitpunkt war diese Tatsache nie so formuliert worden. Es war nicht schwierig zu überprüfen, ob eine Ellipse (geschlossene Kurve) das perspektivische Bild eines Kreises sein konnte. Anhand eines Beispiel hat Dürer die Schnittebenen eines geraden Kegels punktweise für alle möglichen Schnittpositionen konstruiert. In einer seiner Zeichnungen konnte jedoch trotzdem beobachtet werden, dass was theoretisch eine Ellipse war, eigentlich eiförmig gezeichnet war, so als hätte er seinen Augen nicht getraut und im Gegenteil erwartet, dass die Kurve bei Annäherung an die Kegelspitze spitzer zulaufen würde, statt eine echte Ellipse zu sein.

Ein Bild eines Swimmingpools

Um besser verstehen zu können, wie die verschiedenen Kegelschnitte im Kontext der Perspektive als Projektionen eines Kreises erscheinen, stellen wir uns vor, ein Maler möchte in einem Teil seines Gemäldes einen kreisförmigen Swimmingpool festhalten. Er beobachtet den Swimmingpool durch ein imaginäres Fenster, und das Bild, das auf das Fenster projiziert wird, wird vom Maler auf seinem Gemälde dargestellt. Es können verschiedene Kegelschnitte erzeugt werden, indem der Neigungswinkel des Fensters verändert wird, wir wollen es aber senkrecht zum Boden beibehalten und stattdessen die Positionen des Betrachters und des Fensters im Hinblick auf den Swimmingpool ändern.

Liegt der Swimmingpool hinter dem Fenster, ist sein Abbild eine Ellipse. Jetzt verschieben wir jedoch den Betrachter näher an den Pool, zusammen mit dem Fenster, sodass sich mindestens ein Teil davon zwischen dem Auge und dem Gemälde befindet. Die Projektion des Swimmingpools auf der Fensterebene ist weiterhin eine Ellipse, aber ein Teil davon erscheint nicht mehr im Gemälde, weil er unterhalb der „Bodenebene" liegt. Jetzt verschieben wir den Betrachter noch näher, bis er am Rand des Swimmingpools steht. In diesem Fall ist der Strahl, der das Auge mit dem Punkt des Swimmingpools vor unseren Füßen verbindet, parallel zum Gemälde und schneidet dieses nie (oder erst in der Unendlichkeit). Wir haben an dieser Stelle des Kreises ein Bild in der Unendlichkeit, der Swimmingpool wird also zur Parabel.

Hängt der Beobachter seine Füße in den Swimmingpool, so schneidet die Ebene, die den Beobachter durchläuft und parallel zum Fenster ist, jetzt den Kreisumfang des Pools an zwei Punkten, A und B. Das Bild von beiden befindet sich weiterhin in der Unendlichkeit, deshalb erzeugt der Teil des kreisförmigen Pools, der vor dem Beobachter liegt, eine offene Kurve mit zwei Asymptoten parallel zu den Geraden, die das Auge mit den Punkten A und B verbinden. Der Bogen des Pools hinter dem Beobachter, den er zwar nicht sieht, kann auf das Fenster projiziert werden, um eine weitere gleiche, aber symmetrische Kurve zu erhalten, die nur ein Zweig einer Hyperbel ist.

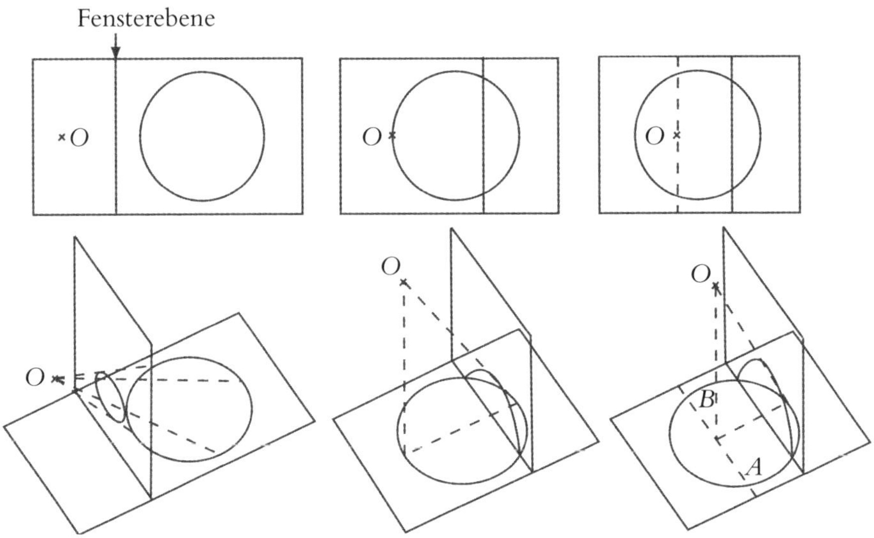

Diagramm der Darstellung eines kreisförmigen Pools, abhängig von der Position des Beobachters. (Quelle: Maria Isabel Binimelis.)

Die Entdeckungen von Desargues ermöglichten es, eine allgemeine Theorie für Projektionen zu entwickeln, die von den Geografen der ersten Hälfte des 19. Jahrhunderts untersucht wurden, unter anderem von Gaspard Monge und Jean-Victor Poncelet. Die projektive Geometrie, die auf Basis dieser Mathematik entwickelt wurde, schlug auch die Möglichkeit vor, nichteuklidische Geometrien zu entwickeln und euklidische Modelle für sie abzuleiten. Die ersten Arbeiten zur Perspektive die zu der sogenannten Reiterperspektive oder Perspektive mit erhöhtem Standpunkt führte, stammten von französischen Theoretikern des 17. Jahrhunderts. 1794 entdeckte Monge eine Methode, die auch als die orthogonale Projektion bezeichnet wird, um geometrische Figuren in einem Raum auf einer Ebene darzustellen. Diese sogenannte darstellende Geometrie wird aktuell beim technischen Zeichnen verwendet und bildete damals die Grundlage für eine Revolution in der militärischen Entwicklung. In der Architektur wurde sie erst später verwendet. Die Reiter- und axonometrische Perspektive (die Darstellung von

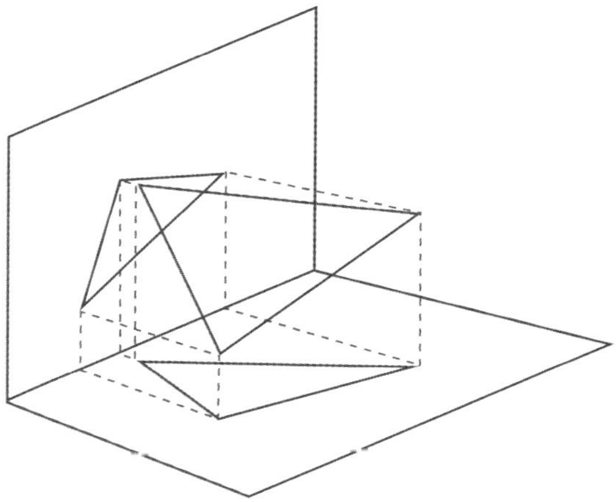

Orthogonale Projektion. (Quelle: Laura Elisabeth Violant.)

drei Dimensionen unter Verwendung der Projektion von drei Achsen auf die Zeichenebene) stammen aus dem 19. Jahrhundert.

Der Beitrag von Desargues kann wie folgt zusammengefasst werden: während die parallelen Perspektiven aus der Renaissance die Sichtstrahlen als parallel betrachteten, treffen sie sich nach Desargues in der Unendlichkeit. Anders ausgedrückt, die Reiterperspektive ist dasselbe wie eine zentrale Perspektive, wobei das Auge des Zeichners „gegen unendlich" geschickt wird. Für den Maler El Lissitzky schien dies das Ende der subjektiven Malerei zu sein, weil der Standpunkt wegfiel. Der Maler übernahm die Rolle des Schöpfers, als würde er aus der Unendlichkeit auf die Szene blicken.

DIE EINFÜHRUNG DER KOORDINATEN

Die Arbeiten von René Descartes und Pierre de Fermat, Schlüsselfiguren in der sogenannten analytischen Geometrie, leiteten das moderne Zeitalter der Geometrie ein. Ihr großartiger Beitrag war die Einführung der Koordinatenachsen, eines Werkzeugs, mit dem es möglich war, den Punkten einer geometrischen Form einen numerischen Ausdruck zuzuordnen, der unter Verwendung algebraischer Methoden betrachtet und verarbeitet werden konnte. Auf diese Weise konnte ein geometrisches Problem auf ein algebraisches reduziert werden, dessen Verarbeitung schließlich die Lösung des anfänglichen Problems ergab.

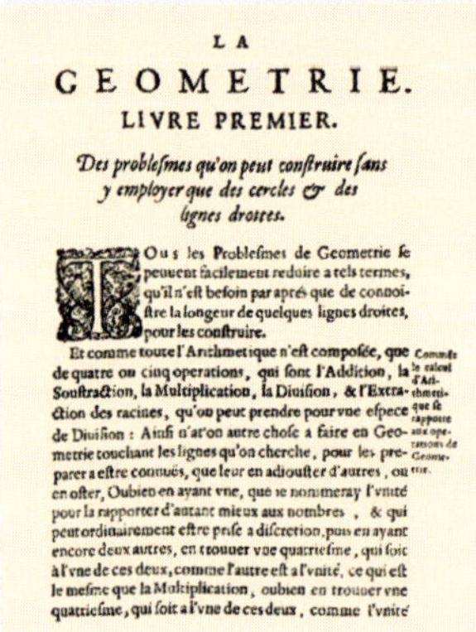

LA

GEOMETRIE.

LIVRE PREMIER.

Des problesmes qu'on peut construire sans y employer que des cercles & des lignes droites.

TOus les Problesmes de Geometrie se peuuent facilement reduire a tels termes, qu'il n'est besoin par aprés que de connoistre la longeur de quelques lignes droites, pour les construire.

Et comme toute l'Arithmetique n'est composée, que de quatre ou cinq operations, qui sont l'Addition, la Soustraction, la Multiplication, la Diuision, & l'Extraction des racines, qu'on peut prendre pour vne espece de Diuision : Ainsi n'a'on autre chose a faire en Geometrie touchant les lignes qu'on cherche, pour les preparer a estre connuës, que leur en adiouster d'autres, ou en oster, Oubien en ayant vne, que ie nommeray l'vnité pour la rapporter d'autant mieux aux nombres, & qui peut ordinairement estre prise a discretion, puis en ayant encore deux autres, en trouuer vne quatriesme, qui soit à l'vne de ces deux, comme l'autre est a l'vnité, ce qui est le mesme que la Multiplication, oubien en trouuer vne quatriesme, qui soit a l'vne de ces deux, comme l'vnité

Comment le calcul d'Arithmetique se rapporte aux operations de Geometrie.

Ein Jahr vor der Veröffentlichung von La Géométrie *von Descartes hatte Fermat bereits geschrieben: „Immer wenn wir in einer Gleichung zwei Unbekannte haben, haben wir eine geometrische Form, nämlich entweder eine gerade Linie oder eine Kurve."*

Die Summe der Winkel eines Dreiecks

Eine Zeit lang war die Anwendung der Geometrie in der Mechanik und anderen Zweigen der Physik den sogenannten Differenzialgleichungen untergeordnet[10]. Gauß, der als solcher titulierte Prinz der Mathematik, war für den Ausbruch aus diesem Paradigma verantwortlich. Er legte die Grundlagen für die Geometrie, die differenzierbare Variablen untersuchte, die Differenzialgeometrie. Gauß beschäftigte sich mit Kurven und Flächen im Raum und führte das grundlegende Konzept der Krümmung einer Fläche ein. Auf einem Kreisumfang beispielsweise nimmt die Kurve mit der Größe des Radius ab. Durch Extrapolation ergibt sich die Krümmung einer Geraden als 0, was zu erwarten war. Für eine Fläche ist die Situation jedoch komplexer. In jedem Fall können wir sagen, verallgemeinert und unpräzise, dass für zwei Punkte auf der Fläche die kürzeste Kurve zwischen diesen Punkten, die die Fläche nicht verlässt (auch als geodätische Kurve bezeichnet), die Kurve mit der kleinsten Krümmung ist (d. h. die geradeste Kurve). Diese Aussage ist eine Erweiterung der Aussage, dass auf der euklidischen Ebene

10 Allgemein ausgedrückt, handelt es sich dabei um algebraische Gleichungen mit Ableitungen, die das Verhalten von Flüssen oder Geschwindigkeitsfeldern definieren.

eine Gerade die kürzeste Linie zwischen zwei Punkten ist[11]. Bei dieser Interpretation wird der euklidische Raum zu einem Sonderfall für einen Raum mit einer Krümmung von Null.

Basierend auf diesen Betrachtungen zeigte Gauß, dass es Flächen gibt, für die die Summe der Winkel der durch die geodätischen Linien gebildeten Dreiecke größer als 180° ist, und dass es andere gibt, bei denen sie kleiner ist. Angesichts der Tatsache, dass es eine belegbare Äquivalenz zwischen dem fünften Postulat von Euklid und der Tatsache gibt, dass die Innenwinkel eines Dreiecks genau 180° ergeben, stellte die Entdeckung von Gauß einen Widerspruch zum fünften Postulat dar. Gegen 1824 und wie in seinen Aufzeichnungen beschrieben, war Gauß zu der Schlussfolgerung gekommen, dass es unmöglich war, das fünfte Postulat basierend auf den anderen zu beweisen, aufgrund der einfachen Tatsache, dass es unabhängig von ihnen ist. Darüber hinaus war es möglich, eine perfekt logische Geometrie zu konstruieren, die das Postulat negiert, ohne einem der anderen vier zu widersprechen. Zu diesem Zeitpunkt war Gauß bereits der angesehenste Mathematiker Europas, war aber der Überzeugung, dass das Weltbild seines Zeitalters nicht auf ein Ergebnis einer solchen Größenordnung vorbereitet war, und veröffentlichte diese Notizen nie.

Dass physischer Raum nichteuklidisch ist, ist eine eigenartige Tatsache, die jetzt experimentell gezeigt werden kann. Letztlich ist die Nullkrümmung euklidischer Räume ein Grenzfall, der Räume mit positiver oder negativer Krümmung voneinander trennt, und der, wie alle Messungen, einem Fehler unterliegt. Es ist immer möglich, dass die Abweichung von Null zu klein ist, um erkannt zu werden.

Kurz nach Gauß kam ein weiterer Mensch zur selben Schlussfolgerung, der jedoch seine Erkenntnisse selbstbewusst veröffentlichte. Das Ergebnis war eine Arbeit über Geometrie, die entwickelt wurde, indem das fünfte Postulat von Euklid durch ein weiteres ersetzt wurde: „Mindestens zwei parallele Linien durchlaufen einen Punkt, der außerhalb einer Geraden liegt.“ Tatsächlich kamen zwei Mathematiker unabhängig voneinander zum selben Ergebnis – der Russe Nikolai Lobatschewski und der Ungar János Bolyai, Sohn von Farkas Bolyai, einem Freund von Gauß. Gauß erkannte, was er bereits in seiner Arbeit entwickelt hatte, und war so interessiert an den Darlegungen von Lobatschewski, dass er noch im Alter von 62 Jahren begann, Russisch zu lernen, um die Arbeit lesen zu können. Dies gelang ihm – Genie, wie er war – innerhalb weniger Monate.

11 Der Beweis von Fermat, dass das Prinzip, das die Ausbreitung von Licht bestimmt, der minimalen Zeit entspricht, und nicht der kürzesten Distanz, ist ein weiterer experimenteller Beweis für die physische Aktivität, die nicht von der Gleichheit von Winkeln abhängig ist, sondern nur von der Proportionalität des Sinus.

Bolyai und Lobatschewski versuchten, im Gegensatz zu ihren Vorgängern, nicht, das Parallel-Postulat von Euklid beginnend mit den anderen Postulaten zu beweisen, wie es bereits Johan Lambert getan hatte. Stattdessen erkannten sie, dass das Parallel-Postulat logisch unabhängig von den anderen sein müsse. Sie argumentierten, dass Unabhängigkeit sehr viel mehr bedeuten müsse. Die Entfernung des Parallel-Postulats und das Hinzufügen eines neuen, alternativen Postulats über parallele Geraden (einschließlich

ABSOLUTE GEOMETRIE

„Absolute Geometrie" ist der Begriff, der die Sammlung der geometrischen Ergebnisse beschreibt, die von den ersten vier Axiomen von Euklid abgeleitet sind. Diese Ergebnisse werden als absolut bezeichnet, weil sie sowohl für die euklidische als auch für die nichteuklidische Geometrie gelten müssen. Wie wir bereits gesehen haben, ist der einzige Unterschied zwischen der ersteren und der letzteren das fünfte Axiom, das sich mit Parallelität beschäftigt. Das sogenannte Saccheri-Viereck, benannt nach dem Italiener Giovanni Saccheri, und das Lambert-Viereck, benannt nach dem Deutschen Johann Lambert, sind höchst signifikant, weil beide erfolglos verwendet wurden, um das fünfte Axiom zu beweisen. Saccheri arbeitete mit der Idee, einen Widerspruch zu finden, wenn das Axiom abgelehnt würde, d. h. er versuchte, das fünfte Axiom zu beweisen, indem er zeigte, dass seine Ablehnung zu einem Widerspruch führen würde. Er machte jedoch den Fehler, bestimmte Ergebnisse als widersprüchlich oder falsch anzunehmen – aufgrund der einfachen Tatsache, dass sie der normalen euklidischen Intuition widersprachen. Lambert dagegen argumentiert in der in seinem Nachlass gefundenen Arbeit *Theorie der Parallellinien* (1766) ähnlich wie Saccheri, macht aber nicht denselben Fehler. Tatsächlich scheint es, dass er es für möglich hielt, dass es eine Geometrie ohne das fünfte Axiom gibt, zumal er schreibt: „Daraus sollte ich fast schließen, dass die dritte Hypothese [des spitzen Winkels] im Falle der imaginären Kugel auftreten würde." Der deutsche Mathematiker entdeckte zahlreiche interessante Formeln im Hinblick auf hyperbolische Dreiecke, wie wir sie heute bezeichnen. Damit bewies er, dass die Summe der Winkel immer kleiner als 180° ist. Die Formel von Lambert besagt, dass die folgende Bedingung für ein solches Dreieck gilt:

$$(\pi - (\alpha + \beta + \gamma)) = CA_{\alpha\beta\gamma}.$$

Dabei sind:

$\alpha + \beta + \gamma$ die Summe der Winkel im Dreieck (ausgedrückt in Radianten);

$A_{\alpha\beta\gamma}$ die Gesamtfläche des Dreiecks;

C eine Konstante in Bezug auf die Krümmung des hyperbolischen Raums, in dem sich das Dreieck befindet.

eines solchen, welches das Gegenteil besagt) würde ein weiteres System an Postulaten und damit eine konsistente Geometrie ergeben. Beide wählten dasselbe alternative Postulat und untersuchten die resultierende nichteuklidische Geometrie und bewiesen die Theoreme auf dieselbe Weise, wie Euklid die seinen bewiesen hatte.

Die Verwendung dieses neuen Postulats führte zu einem neuen System an Theoremen und Korollaren, heute als hyperbolische Geometrie bezeichnet. Sie kamen zu ungewöhnlichen Schlussfolgerungen. Für einen gegebenen Punkt gab es eine unendliche Anzahl von Geraden parallel zueinander; die Summe der Winkel eines Dreiecks war kleiner als 180°; für zwei gegebene parallele Geraden gab es eine dritte, die senkrecht auf einer der beiden stand und parallel zur anderen war usw.

All dies widerspricht der Intuition. Wir können uns keine Situation wie diese ausmalen, ohne unsere Vorstellung von Geradheit, Flachheit usw. völlig überdenken zu müssen. Aus logischer Perspektive ist jedoch alles perfekt gültig. Dies verursachte eine ernsthafte mathematische Krise im 19. Jahrhundert – neben den anderen Kontroversen jener Zeit. Unabhängig davon löste die Arbeit von Lobatschewski und Bolyai das Dilemma des Parallel-Postulats, das in den vorigen Abschnitten angesprochen wurde, und zeigte, dass Euklid recht hatte, es als Postulat aufzunehmen, vorausgesetzt, seine Geometrie ist kein Theorem, das aus vorherigen abgeleitet werden kann.

Ein Wort zur Topologie

Einer der Zeitgenossen von Bolyai und Lobatschewski, der deutsche Mathematiker Möbius (1790-1868), ist vor allem für das Band berühmt, das seinen Namen trägt. Die Herstellung des Möbius-Bandes ist ganz einfach. Man nimmt einen Streifen Papier und verdreht ein Ende einmal um 180° gegenüber dem anderen Ende. Anschließend klebt man die Enden zusammen. „Geht" man nun über die entstandene Fläche, kann diese an jeder Stelle besucht werden, und man kehrt zum Ausgangspunkt zurück, ohne je auf die andere Seite wechseln zu müssen, die es letztlich überhaupt nicht gibt. Und wenn wir das Band mit einer Schere längs auseinanderschneiden, erhalten wir nicht zwei Streifen, sondern einen, der doppelt so lang wie der ursprüngliche Streifen ist.

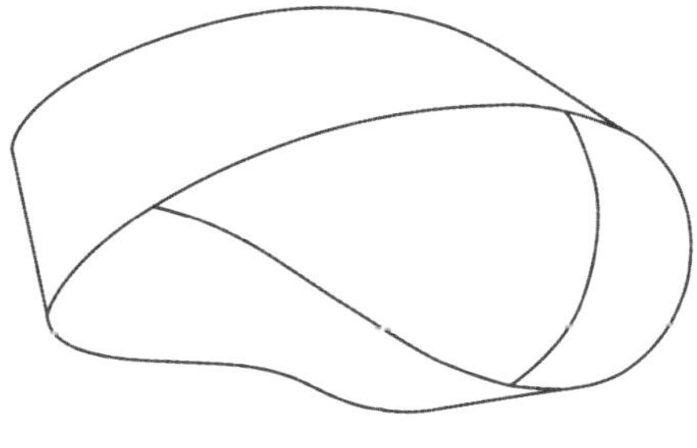

Darstellung eines Möbius-Bandes, einer Oberfläche, die über „beide Seiten" verbunden ist.

Dieses erstaunliche Ergebnis verbirgt einen Trick. Laut Martin Gardner ist ein Möbius-Band streng genommen kein zweidimensionales Objekt, weil es eine bestimmte Tiefe hat (kein Band oder Papier hat die Tiefe 0). Wenn wir das Möbius-Band nun als dreidimensionales Objekt betrachten, erkennen wir, dass sein Querschnitt letztlich ein Rechteck ist. Der Streifen muss als „verdrehtes Prisma" verstanden werden. Hätte dieses einen rechteckigen Querschnitt, bevor die beiden Enden zusammengeklebt werden, könnten wir es auch nur um Viertel- oder halbe Umdrehung verdrehen (wie einen herkömmlichen Streifen), oder aber beliebig oft. Was würde passieren, wenn es einen fünfeckigen Querschnitt statt eines rechteckigen aufwiese? Was für ein Objekt würden wir erhalten? Alle diese Objekte und ganz allgemein die Eigenschaften von geometrischen Körpern, die unter verschiedenen Transformationen unverändert bleiben, bilden einen Zweig der Mathematik, der als Topologie bezeichnet wird, und den wir in den nachfolgenden Kapiteln noch ansprechen werden.

Ein Flug über Grönland: Das Modell des Universums

Eine Generation nach der Entdeckung der hyperbolischen Geometrie gab Bernhard Riemann (1826-1866), ein deutscher Mathematiker und Schüler Gauß', 1851 eine Vorlesung an der Universität von Göttingen, in der er eine völlig neue Gesamtbetrachtung der Geometrie dar legte, mit einem besonderen Schwerpunkt auf der Untersuchung von Variablen mit beliebig vielen Dimensionen in einem beliebigen Typ Raum. Unter Verwendung einer höchst intuitiven Sprache und ohne die Bereitstellung von Beweisen begann er mit der Einführung des Konzepts einer differenzierbaren Varietät (einer Verallgemeinerung des Konzepts einer differenzierbaren Fläche). Tatsächlich bezieht sich der Begriff „Varietät" auf verschiedene Koordinaten, die variieren können, um die Punkte eines Objekts zu erhalten, während sich das Adjektiv „differenzierbar" auf etwas Glattes ohne Falten oder Brüche bezieht. Gemäß dem Ansatz von Riemann waren traditionelle Flächen zweidimensionale Varietäten, während Kurven eindimensionale Varietäten waren, und Punkte waren nulldimensional. Es gab auch dreidimensionale Varietäten, die jedoch nicht ganz einfach zu visualisieren waren.

Der erste Teil der Vorlesung gipfelte darin, dass Riemann geodätische Linien verwendete, um das Konzept des sektionalen Krümmungstensors zu definieren, eine Erweiterung des Konzepts der Krümmung, das Gauß für die Verwendung in Kombination mit Varietäten untersuchte. Das Konzept verallgemeinerte die Krümmung einer Kurve an einem Punkt, der gemessen wurde, indem der Tangentenumfang einer Kurve an einem Punkt ermittelt und das Inverse ihres Radius berechnet wurde.

Diese Definition ist für eine Oberfläche offensichtlich nicht ganz einfach zu verallgemeinern, weil es in jede Richtung der Ebene möglich ist, einen Umfang tangential zur Fläche zu verfolgen, sodass es an jedem Punkt eine unendliche Anzahl von Tangensumfängen gibt. Welcher davon sollte ausgewählt werden? Riemann löste dieses Problem, indem er den sogenannten Krümmungstensor einführte. Dies machte er jedoch nicht nur für Flächen, sondern für alle Varietäten mit einer beliebigen Anzahl an Dimensionen.

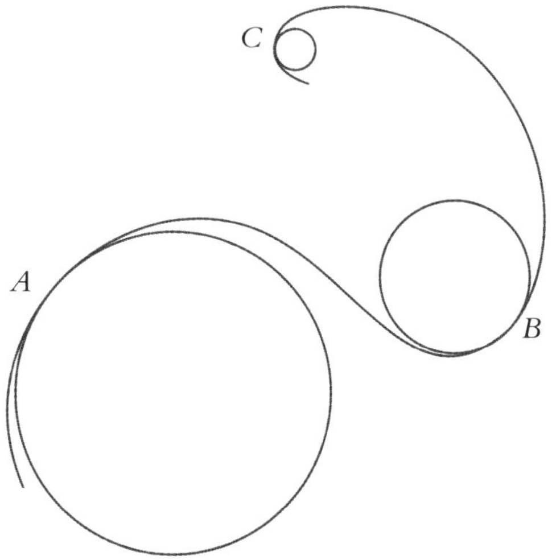

Krümmung A < Krümmung B < Krümmung C

Diese Abbildung zeigt, dass eine Krümmung zunimmt, wenn der Radius des tangentialen Umfangs abnimmt. (Quelle: Maria Isabel Binimelis.)

Im zweiten Teil der Vorlesung betrachtete er das Modell, das den physischen Raum am besten erklärt, den Raum, in dem wir uns bewegen. Wie viele Dimensionen besitzt er? Wie ist seine Geometrie beschaffen?

Der von Riemann verfolgte neue geometrische Ansatz ging davon aus, dass jeder Raum (ob planar, dreidimensional oder anderweitig) als differenzierbare Varietät betrachtet werden kann, und dass die Einführung einer Distanz oder Metrik dafür dazu dienen würde, die geodätischen Linien (Sie erinnern sich, die kürzesten Linien, die zwei Punkte verbinden) zu bestimmen, ebenso wie die Geometrie, die dieses Objekt bestimmt. Somit ist die eigentliche Ebene weder euklidisch noch nichteuklidisch, und nur durch die Einführung der euklidischen Metrik für die Ebene kann das fünfte Postulat von Euklid überprüft werden, und sie wird damit euklidisch. Dieses Postulat ist nicht mehr gültig, wenn eine andere Metrik eingeführt wird.

Um in der euklidischen Metrik beispielsweise die Distanz zwischen zwei Punkten basierend auf ihren Koordinaten zu berechnen, zeichnen wir zuerst das Dreieck, bestehen aus dem Segment, das die Punkte verbindet, und den Projektionen der Segmente auf diejenigen parallel zu einem bestimmten Paar senkrechter Koordinatenachsen, die diese Punkte durchlaufen. So lässt sich die Länge der Diagonalen unter Verwendung des Satzes von Pythagoras berechnen, wie in der Abbildung gezeigt:

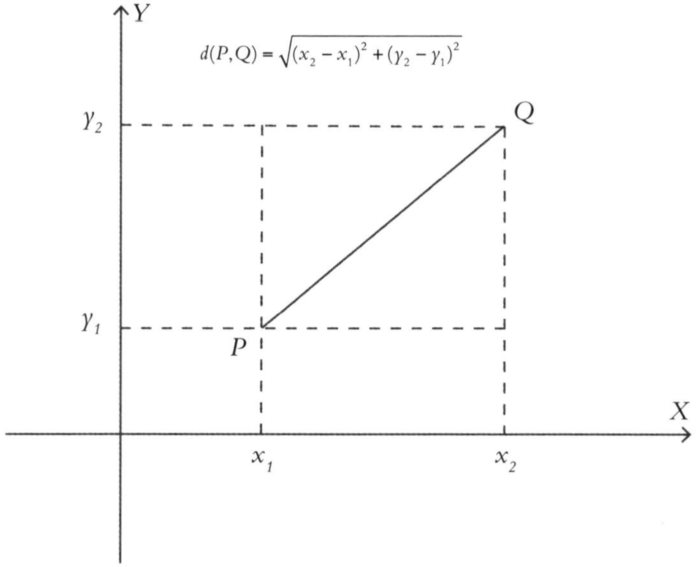

Der euklidische Abstand zwischen zwei Punkten P *und* Q *ist die Hypotenuse des rechtwinkligen Dreiecks, das man erhält, indem man zwei gerade Linien parallel zu den Koordinatenachsen* X, Y *verbindet, von* P *nach* Q, *und das unter Verwendung des Satzes von Pythagoras berechnet wird.*

TAXI-METRIK

Ein weiteres Beispiel für ein metrisches Äquivalent der euklidischen Metrik ist die sogenannte „Taxi-Metrik" oder „Manhattan-Distanz". Sie ergibt sich als $d((x_1,y_1),(x_2,y_2))=|x_2-x_1|+|y_2-y_1|$ und misst die Distanz, über die sich ein Auto von einem Punkt zu einem anderen in einer Stadt mit schachbrettartigem Layout bewegt (daher auch ihr Name). Auch hier ist zu sehen, dass die Ebene weder eine euklidische noch eine nichteuklidische Ebene ist, sondern von der darauf angewendeten Metrik abhängig ist.

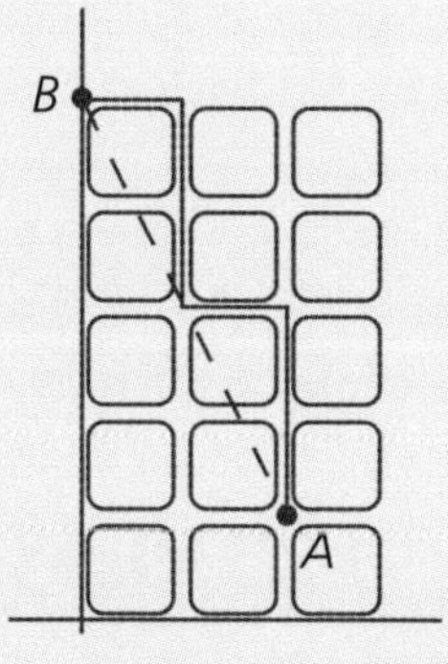

Riemann überprüfte die grundlegenden Annahmen der euklidischen Geometrie. Er analysierte das zweite Postulat, *„Jedes Geradensegment kann so verlängert werden, dass es in jede Richtung fortgeführt wird"*, und beobachtete, dass dies von *„Jede Gerade ist unendlich"* unterschieden werden musste. Er schloss daraus, dass diese neue Interpretation des zweiten Postulats ihn dazu führen würde, das fünfte zu verwerfen. Riemann ersetzte dies durch *„Jedes Paar an Geraden schneidet sich"*. Diese Betrachtungen brachten ihn schließlich dazu, was heute als elliptische Geometrie bezeichnet wird.

Wir können diesen konzeptuellen Sprung besser verstehen, wenn wir die Geometrie der Erdoberfläche betrachten. Was sind die kürzesten Linien zwischen zwei Punkten, oder besser, was sind die geodätischen Linien? Berücksichtigen wir, dass sie die kleinste Krümmung aufweisen, und dass die kleinste Krümmung den größten Radius besitzt, dann sind sie einfach die maximalen Kreise, wie etwa der Äquator oder die Meridiane. Dieses Ergebnis der sphärischen Geometrie ist bei Langstreckenpiloten wohlbekannt. Wenn sich ihr Flugzeug über dem Äquator befindet und sie zu einem anderen Punkt fliegen wollen, der sich ebenfalls über dem Äquator befindet, muss der Pilot den Äquator entlang fliegen, um die kleinstmögliche Distanz zurückzulegen. Fliegt das Flugzeug jedoch auf einer Breite von 30° Nord, und die Passagiere wollen einen Zielpunkt auf demselben Breitengrad erreichen, müssen sie für die kürzeste Distanz weiter nach Norden fliegen. Damit ist klar, warum die Flugroute für Flüge zwischen Paris und Hawaii beispielsweise über Grönland führt, obwohl Hawaii südlich von Paris liegt.

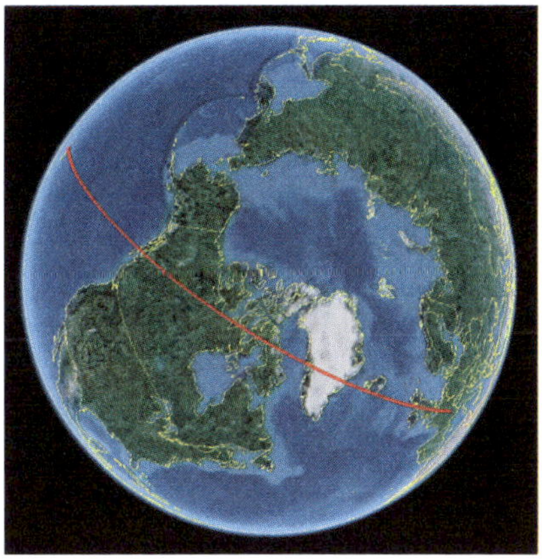

Der kürzeste Weg zwischen zwei Punkten ist immer die geodätische Linie, die im Fall von Paris und den Hawaii-Inseln über Grönland und Kanada verläuft.

Um die kürzeste Linie zu finden, die zwei Punkte auf der Erde verbindet, müssen wir die Ebene finden, die sie durchläuft, sowie den Mittelpunkt des Planeten, und dann die Linie zeichnen, die seine Oberfläche schneidet, wie die Abbildung zeigt:

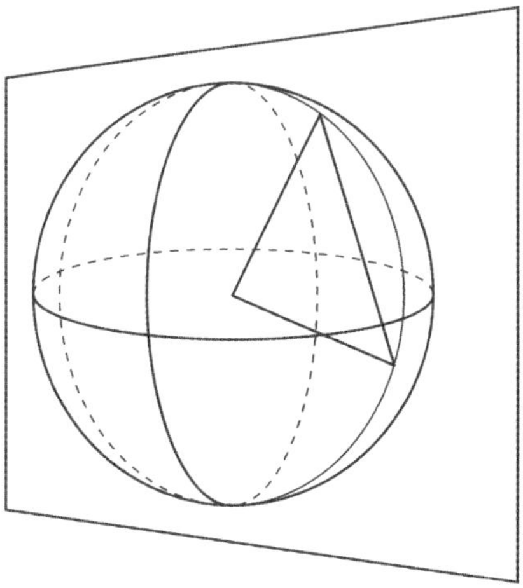

Kehren wir zurück zu dem Konzept der Parallelität, erkennen wir, dass es dieses in der räumlichen Geometrie nicht gibt, in der sich jedes Paar „Geraden“ (die großen Kreise) schneidet. Auf der Oberfläche der Kugel können wir sehen, dass Dreiecke zwei oder sogar drei rechte Winkel haben. Es ist ausreichend, zwei Eckpunkte auf dem Äquator zu platzieren und einen weiteren auf einem der Pole. Die Eigenschaft, dass die Summe der Winkel für alle planaren Dreiecke in der euklidischen Geometrie 180° radial beträgt, unterscheidet sie von der hyperbolischen und elliptischen Geometrie. Für die letztgenannte ist die Summe der Winkel eines rechtwinkligen Dreiecks immer größer als 180°, und es gibt keinen gemeinsamen Wert für alle. Es gibt Dreiecke, bei denen die Winkelsumme 180° beträgt, aber auch andere, für die sie 250° beträgt. Es kann jedoch gezeigt werden, dass für zwei Dreiecke mit derselben Fläche die Winkelsumme gleich ist.

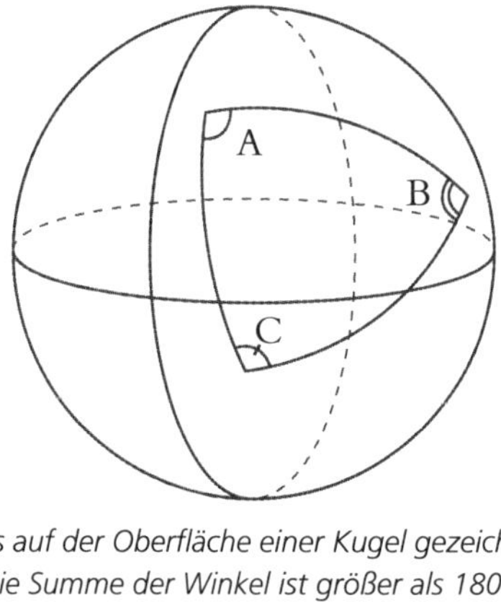

Dreieck, das auf der Oberfläche einer Kugel gezeichnet wurde. Die Summe der Winkel ist größer als 180°.

RÄUMLICHE GEOMETRIE

An dieser Stelle lautet die Frage, welche dieser drei Geometrien die physische Welt am besten beschreibt. Die euklidische Geometrie ist eine völlig akzeptable Annäherung, wenn wir mit Messungen mit einem Maßstab für die Erde arbeiten. Wenn die Distanzen größer sind, ist das nicht mehr ganz so klar. Bewegen wir uns auf der Oberfläche der Kugel, erkennen wir, dass wir in einer Welt mit elliptischer Geometrie leben. Wenn wir mit Geschwindigkeiten reisen, die sich an die Lichtgeschwindigkeit annähern, ist die für Raum/Zeit anwendbare Geometrie die Minkovsky-Geometrie, eine Art nichteuklidischer Geometrie. Aber was passiert im Raum des Universums, das hinter der Oberfläche der Erde liegt, ohne die Zeit zu berücksichtigen? Leben wir wirklich in einem Universum mit euklidischem Raum? Gauß verbrachte viel Zeit mit einer geodätischen Studie über die Winkelberechnung dreier Bergspitzen in 50 Meilen Entfernung. Die Abweichung von 180° war weniger als der geschätzte Fehler für die Messung, d. h. die Berechnung war konsistent mit den drei Hypothesen. Lobatschewski wiederum beobachtete, dass ein Dreieck, das sich auf der Erde befindet, zu klein war, um die Differenzen erkennen zu können. Aus diesem Grund schlug er vor, mit einem astronomischen Dreieck zu forschen. Dies führte jedoch zu keinem Ergebnis, weil die Differenzen der Abstände Sonne/Erde kleiner als ein Tausendstel einer Sekunde sind. Deshalb begann er, größere Dreiecke zu betrachten, und sah sich den Parallaxenfehler der Sterne an. Aber weder Lobatschewski noch ein anderer konnten ein Dreieck finden, dessen Winkelsumme ungleich 180° ist, trotz der Tatsache, dass in der hyperbolischen Geometrie gelten sollte, dass mit zunehmender Fläche auch die Differenz zunehmen sollte. Gemäß der Relativitätstheorie ist derzeit die elliptische Geometrie von Riemann am besten für die Metrik des Universums geeignet. Mit den Worten von B. Lewis: „In der allgemeinen Relativitätstheorie Einsteins ist die räumliche Geometrie eine Riemannsche Geometrie. Das Licht bewegt sich entlang einer geodätischen Linie, die Krümmung im Raum ist eine Funktion der Art der Materie, aus der er besteht."

Das Erlangen-Programm: Was ist Geometrie?

Nachdem Felix Klein (1849-1925) der Fakultät der Philosophie der Universität Erlangen beigetreten war, schrieb er 1872 eine unveröffentlichte Arbeit, die zusammen mit der Vorlesung von Riemann und dem Werk *Elemente* von Euklid als einer der maßgeblichen Texte betrachtet werden kann, die man für die Geometrie unbedingt kennen muss. Klein spricht darin das Problem an, eine formale Definition für die Geometrie zu formulieren, die über das intuitive Verständnis hinausgeht, das wir möglicherweise haben. Die Systematisierung der Mehrfach-Geometrien, die bis zu diesem Zeitpunkt vorgeschlagen wurden, wurde im sogenannten Erlangen-Programm dargestellt. Es klassifizierte jede Geometrie gemäß den Eigenschaften, die konstant im Hinblick auf eine bestimmte Gruppe[12] an Transformationen blieb. Das Konzept einer Gruppe wurde nicht von Klein erfunden, obwohl er es war, der diese grundlegende Beziehung zwischen der Geometrie und der Gruppe der Transformationen entdeckte. Somit ist die euklidische Geometrie die Untersuchung der Eigenschaften oder Mengen, die konstant – oder invariant – für die Gruppe kongruenter Transformationen bleiben. Kongruente Transformationen oder Isometrien (aus dem Griechischen für „gleiches Maß") sind Translationen, Symmetrien, Drehungen und Kombinationen dieser Transformationen. Ihre Invarianten sind beispielsweise die Distanz zwischen zwei Punkten, die Flächen der Oberflächen, die Winkel zwischen Geraden usw.

Analog dazu ist die affine Geometrie die Untersuchung der Invarianten (in diesem Fall Kolinearitäten) im Hinblick auf die Gruppe affiner Transformationen (Isometrien, Skalierungen und Scherungen); die projektive Geometrie ist die Untersuchung der Invarianten im Hinblick auf die Menge der projektiven Transformationen; und die Topologie ist die Untersuchung von Invarianten im Hinblick auf die Gruppe stetiger und inverser stetiger Funktionen.

Unter anderem bewies Klein, dass die euklidische, die affine und die nichteuklidische Geometrie als Sonderfälle der projektiven Geometrie betrachtet werden können. Allgemein ausgedrückt, kam er zu diesem Schluss, indem er Transformationen für den projektiven Raum betrachtete, die einen bestimmten Kegelschnitt invariant beibehalten, den sogenannten absoluten Kegelschnitt. Der Typ Geometrie, den wir erhalten, ist vom Typ des Kegelschnitts abhängig.

Dieser letzte Punkt bedeutet etwas extrem Wichtiges: Die euklidische Geometrie ist konsistent (d. h. sie führt nicht zu Widersprüchen) dann und nur dann, wenn dies auch für die nichteuklidischen Geometrien der Fall ist. Dies beendete die Kontroverse, ob nichteuklidische Geometrien kohärent sind.

12 Damit sich eine Menge mit einer Operation als Gruppe qualifiziert, muss sie bestimmte Bedingungen erfüllen: (i) die Operation muss assoziativ sein, d. h. für beliebige drei Elemente *a*, *b*, *c* aus der Menge muss das Ergebnis der Anwendung einer Operation auf die beiden ersten (*a* und *b*) und die Anwendung der Operation auf das Ergebnis und das dritte (*c*) gleich sein dem Ergebnis der Anwendung der Operation auf das erste (*a*) und das Ergebnis der Anwendung der Operation auf das zweite und dritte (*b* und *c*); (ii) es muss ein Identitätselement geben, d. h. ein Element *e*, das in der Menge enthalten ist, sodass eine Operation mit einem beliebigen anderen Element (*a*) der Menge in beide Richtungen als Ergebnis wieder a ergibt; (iii) schließlich muss jedes Element ein Inverses haben, d. h. für jedes Element *a* der Menge gibt es ein Element a^{-1}, sodass die Anwendung der Operation in beide Richtungen das Identitätselement ergibt.

Das Programm ebnete den Weg für die Untersuchung abstrakter geometrischer Räume. Die Analyse war nun nicht mehr nur auf Figuren auf der Ebene oder im dreidimensionalen Raum begrenzt, in dem wir uns bewegen. Jetzt war es unter Verwendung von Variablen möglich, in vielen Dimensionen zu denken, die nicht unbedingt räumlich sein mussten. Wir können beispielsweise über den Raum der Variablen zur Thermodynamik eines Gases sprechen, die mehr als drei sein können, wie beispielsweise Druck, Volumen, Temperatur und die verschiedenen Konzentrationen der Substanzen, aus denen sich das Gas zusammensetzt. Solche Räume können jetzt verwendet werden, um die geometrischen Eigenschaften aus einer eher abstrakteren Perspektive zu betrachten.

Ein Samenkorn und die Geometrie der Natur

Die von Euklid untersuchten Formen hatten viele Einschränkungen, was die Erklärung des Universums betrifft. Die Geometrie der Natur ist weit von den perfekten Formen entfernt, die sich der griechische Meister vorgestellt hat.

Anfang des 19. Jahrhunderts entdeckte der schottische Botaniker Robert Brown einen Tropfen, der in ein Stück Lavagestein eingeschlossen war, als es sich verhärtet hatte. Er betrachtete diesen Tropfen unter dem Mikroskop und entdeckte winzige Spuren von Partikeln, die in vollständig irregulärer Bewegung oszillierten, ohne je anzuhalten. Die Bewegung war ihm vertraut, weil er sie bereits von in Wasser gelösten Samenkörnern kannte. Brown erklärte sich das Phänomen, dass die Lebenskraft von Pflanzenmolekülen auch noch eine Zeit lang nach ihrem Absterben erhalten bleibt. Diese Erklärung wurde jedoch später verworfen, und man begann zu vermuten, dass die Agitation, auch als brownsche Bewegung bekannt, eher durch ein physisches Phänomen statt durch ein biologisches verursacht wurde. Beispielsweise gilt, je kleiner das Partikel oder je größer die Temperatur ist, desto schneller ist die Bewegung.

Erst 1950 zeigte Albert Einstein die ersten Anwendungen der kinetischen Theorie für Gase auf, abgeleitet von James Clerk Maxwell und Ludwig Boltzmann, indem er sie auf die brownsche Bewegung anwendete. Das Phänomen wird heute auf die folgende Weise erklärt: Ein in einer Flüssigkeit gelöstes Pollenkorn wird von den Molekülen der Flüssigkeit beschossen, und ihr Einfluss auf das Korn bewirkt, dass dieses seinen Weg ständig ändert. Einerseits treten die Schwankungen zufällig auf, andererseits kann die beobachtete Bewegung nur einen Hinweis auf die Komplexität des eigentlichen Pfads geben, weil das Mikroskop nur Schwankungen ab einer bestimmten Größe zeigt.

Die Bewegungsbahn eines Partikels in der brownschen Bewegung war eines der ersten Naturphänomene, bei dem Selbstähnlichkeit in unterschiedlichen Maßstäben erkannt wurde. Die folgende Abbildung zeigt die brownsche Bewegung, wie sie 1912 der französische Physiker Jean-Baptiste Perrin darstellte, indem er die Position des Partikels alle 30 Sekunden aufzeichnete.

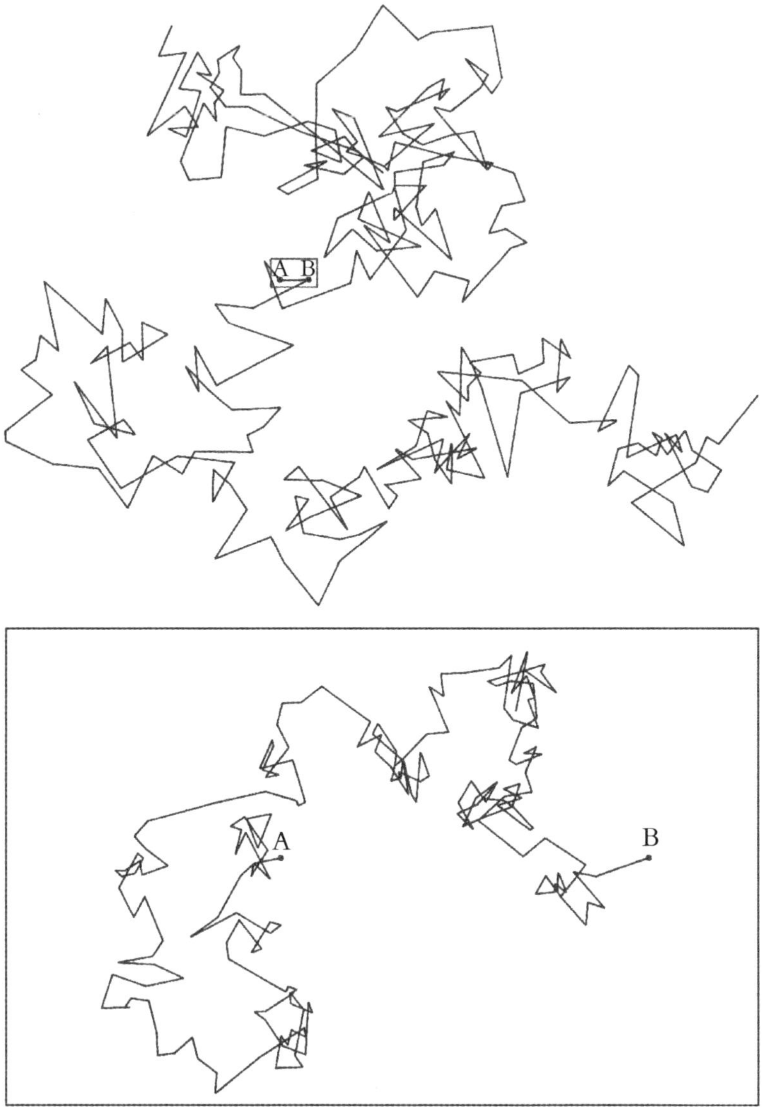

Graph der brownschen Bewegung eines Partikels, der sowohl die Komplexität seiner Bahn als auch die Ähnlichkeit der verschiedenen Maßstäbe zeigt. Das untere Bild zeigt eine vergrößerte Darstellung des Pfads zwischen den Punkten A *und* B *im oberen Bild.*

Die Linien entlang des Pfads eines brownschen Partikels weisen streng genommen keine physische Realität auf. Die Linien in der Zeichnung verbinden die alle 30 Sekunden aufgezeichneten Positionen des Samenkorns, gekennzeichnet durch einen Punkt und dann mit geraden Linien verbunden. Damit sind die einzigen realen Elemente die Punkte, die die Positionen des brownschen Partikels am Ende jedes Intervalls anzeigen. Betrachten wir beispielsweise die beiden Punkte *A* und *B* in der Sequenz, und markieren die Positionen jetzt nicht mehr in Intervallen von 30 Sekunden, sondern alle 0,3 Sekunden, und verbinden dann die Punkte wieder mit geraden Linien, wie auch zuvor, entstehen viele kleinere, aber gleichermaßen komplex gezackte Linien. Jetzt können wir noch kleinere Intervalle betrachten, wie beispielsweise 0,003 Sekunden, und dieselbe Prozedur anwenden. Es passiert dasselbe wie zuvor. Daraus wird deutlich, dass der Pfad eines brownschen Partikels ein Muster beibehält, dessen Komplexität gleichbleibt, wenn wir die Beobachtungsintervalle verändern. Beachten Sie, dass Perrin dieses Verhalten bereits 1906 kannte. Insbesondere hat er erkannt, dass es bei Betrachtung eines Punkts vom Weg eines brownschen Partikels unmöglich ist, eine streng tangentiale Linie dafür zu finden. Er schrieb dazu Folgendes:

> „Geometrisch gesehen, bilden Kurven ohne Tangente die Norm, und reguläre Kurven, wie beispielsweise der Kreis, sind interessant, aber nur Sonderfälle.
>
> [...] Wenn jemand von einer Kurve ohne Tangente hört, denkt er gern, dass es in der Natur keine solchen Komplikationen gibt, und dass sie sie auch nicht vorsieht.
>
> Wir befinden uns im Bereich der experimentellen Realität, wenn wir die brownsche Bewegung beobachten, mit der sich ein [brownsches] in einer Flüssigkeit gelöstes Partikel unter dem Mikroskop bewegt. Wir stellen dann fest, dass die Richtung der geraden Linie, die die von dem Partikel eingenommenen Positionen an zwei zeitlich extrem nah zusammenliegenden Zeitpunkten verbindet, absolut irregulär variiert, wenn das Intervall zwischen den beiden Zeitpunkten verringert wird. Aus diesem Grund würde ein unbefangener Beobachter schließen, er hätte es mit einer Kurve zu tun, für die es nicht möglich ist, eine Tangente zu zeichnen."

Niemand hat die Kommentare von Perrin beachtet, und das Thema ruhte bis Ende der 60er Jahre, als der französisch-amerikanische Mathematiker Benoît Mandelbrot sie aufgriff. Hätte man Perrin mehr Beachtung geschenkt, wären die Grundlagen für eine neue Geometrie sechzig Jahre früher entwickelt worden.

Benoît Mandelbrot wurde 1924 in einer jüdischen Familie in Litauen geboren. 1936 wanderte er nach Frankreich aus, wo sich sein Onkel Szolem niedergelassen hatte, Gründungsmitglied des Bourbaki[13]-Kreises. Diese Gedankenschule lehnte die Verwendung der Geometrie oder grafischer Figuren zur Verdeutlichung von Konzepten oder Beweisen ausdrücklich ab. Sie erklärten, die Augen könnten den Geist verwirren.

1945 empfahl ihm sein Onkel, eine 300 Seiten umfassende Arbeit des französischen Mathematikers Gaston Julia über die Iteration rationaler Funktionen zu lesen, *Memoir on Iteration of Rational Functions.* Wie von einem Mitglied seiner mathematischen Schule zu erwarten war, fügte er hinzu: „Vergiss die Geometrie." Mandelbrot ignorierte diese zweite Empfehlung und interessierte sich nicht stark für das Buch, bis ins Jahr 1970, als er mit Hilfe der von IBM für das Thomas J. Watson Research Centre bereitgestellten Computern zu der Erstellung von Abbildungen ein Experiment beitrug, das die Wissenschaftsgemeinde mit den Details einer Grafik überraschte, die später als die Mandelbrot-Menge bezeichnet werden sollte. Zusammen mit anderen Mathematikern vor ihm führte Mandelbrot eine neue Denkweise in der Mathematik und in den Naturwissenschaften ein, die dank seiner Bemühungen und seiner Kreativität hervorragende Bedeutung gewann: die fraktale Geometrie.

> „Die fraktale Geometrie bewirkt, dass Sie alles völlig anders betrachten. Es ist gefährlich, weiterzulesen. Sie riskieren, die Vorstellung von Wolken, Wäldern, Galaxien, Blättern, Federn, Blumen, Steinen, Bergen, Sturzfluten, Ziegeln und allen möglichen anderen Dingen, wie Sie sie seit ihrer Kindheit kennen, plötzlich zu verlieren. Nie wieder werden sie diese Dinge wie gewohnt betrachten können."

So beginnt das Buch *Fraktale* des englischen Mathematikers Michael Barnsley, Professor an der Australian National University und berühmter Forscher in diesem Bereich. Laut Barnsley ist die fraktale Geometrie streng genommen eine neue Sprache. Wir werden die linguistische Analogie fortsetzen, die wir in einem früheren Abschnitt über die Städteentwicklung eingeführt haben, und verwenden eine Metapher der Forscher Hartmut Jürgens, Heinz-Otto Peitgen und Dietmar Saupe, um einige der grundlegenden Eigenschaften dieser Registerkarte zu beschreiben.

---

13 Nicolas Bourbaki ist der kollektive Name einer Gruppe französischer Mathematiker in der Zeit um 1930, die die Überarbeitung der Grundlagen der Mathematik unter extrem strengen Kriterien vorschlugen. Zu ihren Mitgliedern gehörten berühmte Persönlichkeiten wie Henri Cartan, Jean Dieudonné, André Weil, Jean-Pierre Serre und Alexander Grothendieck.

Während westliche Sprachen so ausgelegt sind, dass sie auf einem endlichen Alphabet basieren (z. B. das lateinische Alphabet), verwenden östliche Sprachen, wie beispielsweise das Chinesische, eine große Anzahl an Symbolen. In den westlichen Sprachen müssen Buchstaben zu Wörtern zusammengesetzt werden, die eine Bedeutung haben, während in den östlichen Sprachen bereits die Symbole eine eigene Bedeutung besitzen. Genau wie die westlichen Sprachen beinhaltet die traditionelle Geometrie (z. B. euklidisch oder Riemannsch) endliche Elemente, wie beispielsweise die Gerade oder den Kreisumfang, die verwendet werden, um weitere, komplexere Formen zu konstruieren, deren Bedeutung von dem Kontext abhängig ist, in dem sie eingesetzt werden.

Die fraktale Geometrie dagegen entspricht der Familie der östlichen Sprachen, weil sie mit Elementen mit eigener Bedeutung arbeitet (in diesem Fall unendlich vielen), anders als in der traditionellen Geometrie. Worum handelt es sich bei diesen Elementen? Die einfachste Methode ist, sie durch Regeln für ihre Berechnung zu identifizieren, sogenannten Algorithmen, die in der fraktalen Sprache als die maßgeblichen Einheiten betrachtet werden können. Diese Algorithmen sind Regeln und Anweisungen für eine Prozedur, die häufig unter Verwendung eines Computers ausgeführt werden muss, um konkrete Formen und Strukturen zu erzeugen.

Aus dieser Perspektive ist die klassische Geometrie eine erste Annäherung an die Struktur physischer Objekte. Die differenzielle Geometrie bietet sogar eine hervorragende Annäherung eines solchen Objekts. Beispielsweise kann ein Beobachter auf der Erde behaupten, dass die Kugel ein geeignetes Modell für den Mond sei. Für einen Astronauten dagegen, der sich selbst gerade auf dem Mond befindet und seine verschiedenen Krater sieht, ist eine Kugel kein optimales Modell. Die Verwendung herkömmlicher Techniken für die Modellierung der komplexen und unregelmäßigen Strukturen, die uns umgeben, ist somit extrem kompliziert. Die fraktale Geometrie füllt diese Lücke in gewisser Weise und kann genutzt werden, um alles zuverlässig zu entwerfen, vom Umriss eines Blattes bis hin zur Verästelung des Baums, an dem es wächst.

Der Begriff *Fraktal* ist schwer zu definieren, weil viele Teile dieser Definition nicht auf alle existierenden Familien von Fraktalen angewendet werden können. Die vielleicht beste Vorgehensweise ist eine Beschreibung dessen, was den mathematischen Prozessen gemein ist, von denen sie erzeugt werden. Letztlich findet man die Nützlichkeit der Fraktale und die Grundlagen für ihre mathematischen Eigenschaften in der spezifischen Struktur der Prozesse, aus denen sie entspringen.

Ein Fraktal ist also ein Endprodukt, das aus der unendlichen Iteration (d. h. Wiederholung) eines wohldefinierten geometrischen Prozesses entsteht. Dieser elementare geometrische Prozess, der im Allgemeinen von extrem einfacher Natur ist, bestimmt die endgültige Struktur, die aufgrund der unendlichen Wiederholung ein außerordentlich komplexes Aussehen besitzt.

GRUNDLEGENDE UNTERSCHIEDE ZWISCHEN DER EUKLIDISCHEN GEOMETRIE UND DER FRAKTALEN GEOMETRIE	
Euklidisch	Fraktal
Traditionell (über 2.000 Jahre alt)	Modern (ca. 50 Jahre alt)
Ganze Dimension	Fraktale Dimension
Beschäftigt sich mit vom Menschen erzeugten Gegenständen	Geeignet für natürlich vorkommende Formen
Wird unter Verwendung von Formeln beschrieben	Wird unter Verwendung rekursiver Algorithmen (Iteration) beschrieben

In der fraktalen Geometrie kann der für ein aufwändiges und komplexes Phänomen verantwortliche Prozess überraschend einfach sein. Gleichzeitig gilt das Gegenteil: Die Einfachheit eines Prozesses sollte uns nicht verleiten, seine möglichen Konsequenzen zu unterschätzen, die nicht selten höchst komplex sind.

Die eigentliche Aussage von Mandelbrot ist, dass viele natürliche Strukturen (z. B. Berge, Wolken, Küsten oder Blutgefäße), die scheinbar außerordentlich komplex sind, in der Realität dieselbe geometrische Regelmäßigkeit aufweisen – ihre Invarianz in unterschiedlichen Maßstäben.

1975 veröffentlichte Mandelbrot den Aufsatz *Fractals: Form, Chance & Dimension* (*Fraktale: Form, Zufall & Dimension*), der erklärt, dass der Neologismus *Fraktal* vom lateinischen *fractus* („zerbrochen“ oder „gebrochen“) abgeleitet ist. Später erzählte der amerikanische populärwissenschaftliche Autor James Gleick in seinem Buch *Chaos, Making a New Science*, dass Mandelbrot an einem Nachmittag, als er sich gerade auf die Veröffentlichung seiner Arbeit vorbereitete, darüber nachdachte, dass er seinen Formen, Dimensionen und der Geometrie einen Namen geben sollte. Sein Sohn war gerade von der Schule nach Hause gekommen, und Mandelbrot warf einen Blick in sein Lateinbuch. Er traf auf das Adjektiv *fractus*, das vom Verb *frangere* („brechen“) abgeleitet ist, und die Bedeutung der ersten Übersetzungen – *Bruch, Bruchteil* – schien ihm passend zu sein. Auf diese Weise gelangte er schließlich zu dem Wort *Fraktal*, das sowohl als Substantiv (Fraktal) als auch als Adjektiv (fraktal) verwendet werden kann.

1982 veröffentlichte er ein neues Buch mit spektakulären Bildern, die er unter Verwendung des Computers erstellt hatte: *Fraktale Geometrie der Natur.* Auf Seite 15 der ersten Ausgabe seiner Arbeit schlug Mandelbrot eine Definition vor, von der er selbst zugab, dass sie keine Mengen abdeckt, die aus anderen Gründen nicht in die Kategorie der Fraktale einzuordnen waren: „Ein Fraktal ist eine Menge, deren Hausdorff-Dimension größer ist als ihre Lebesgue'sche Überdeckungsdimension."

Weitere Definitionen wurden vorgeschlagen, und letztlich haben wir es mit einem geometrischen Konzept zu tun, für das es noch keine präzise Definition gibt, und auch keine eindeutige und allgemein anerkannte Theorie.

Mandelbrot hat die Fraktale nicht erfunden, war aber zum richtigen Zeitpunkt am richtigen Ort, um sie zu entdecken und ihre Geheimnisse zu erkennen. Sie haben die Menschheit von Anbeginn der Zeit begleitet, genau wie das Chaos, als unsichtbare Hand an der Wiege.

Mandelbrot starb am 14. Oktober 2010 in Cambridge.

Kapitel 2

Die unbekannte Dimension: Eine Abbildung des Universums

Ein Floh, so beobachten Naturforscher,
hat kleinere Flöhe, die auf ihm leben,
und diese haben noch kleinere Flöhe, die sie beißen,
und so weiter ad infinitum.
Jonathan Swift, *Poetry, a Rhapsody* (1733)

1904 wurde in den Niederlanden eine Kakaosorte verkauft, auf deren Schachteln sich ein Bild mit einem auffälligen, sich wiederholenden Motiv befand. Dieser Effekt wurde nicht zum ersten Mal von einem Künstler verwendet. Viele Jahrhunderte zuvor, 1320, hatte Giotto ihn in einem Altar-Triptychon eingesetzt, in Auftrag gegeben von Kardinal Stefaneschi. Es dauerte jedoch lange Zeit, bis jemand darauf aufmerksam wurde. 1970 schrieb ein niederländischer Journalist einen Artikel über das Thema und prägte den Begriff „Droste-Effekt", der auf die Kakaomarke verweist.

Ein Universum in einem Wassertropfen

Auf dieser Schachtel befindet sich das Bild einer Krankenschwester, die ein Tablett mit zwei Gegenständen trägt. Diese beiden Gegenstände ziehen unsere Aufmerksamkeit auf sich, weil genau dieselbe Krankenschwester in genau derselben Haltung darauf gezeigt wird. Dieses Muster wird bis an die Grenzen unserer Wahrnehmung wiederholt. Wenn wir uns in eines dieser Etiketten bewegen könnten, würden wir alles wieder genauso sehen, als ob wir außerhalb stehen.

Damit haben wir den Fall einer partiellen Selbstähnlichkeit. Der Begriff Selbstähnlichkeit wird verwendet, weil die kleinen Bilder dem Ganzen ähnlich sind, und partiell, weil das große Bild nicht vollständig aus kleinen Krankenschwestern besteht. Um vollständige Selbstähnlichkeit zu erzielen, bräuchten wir eine Masse von Krankenschwestern, die alles bedeckt, wenn wir in einen Teil des Bildes zoomen.

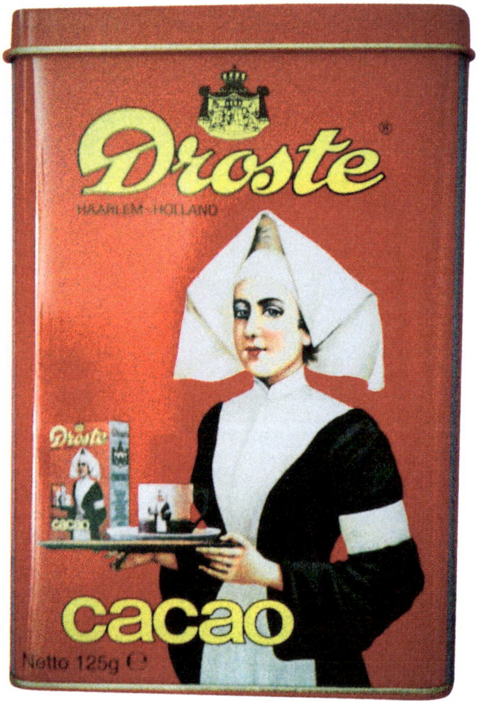

Das rekursive Bild auf dieser Kakaopackung prägte den Begriff „Droste-Effekt".

Jetzt betrachten wir einen bekannten Cartoon: Der große Fisch, der den kleinen Fisch frisst. Auf den ersten Blick scheint dabei dieselbe visuelle Wiederholung verwendet zu werden wie auf den Kakaoschachteln. Es gibt unendliche viele Fische, vor denen sich jeweils ein kleinerer befindet, der gefressen werden soll. Wenn wir jedoch in diesem Fall einen Teil der Abbildung vergrößern, erkennen wir, dass der Fisch in jedem Maßstab voll mit kleinen Fischen ist, die wiederum andere Fische fressen. Hier haben wir einen Fall vollständiger Selbstähnlichkeit, hergestellt unter Verwendung von elf Ähnlichkeitsfunktionen. Jede Funktion wandelt die größere Form in eine kleinere um, die dann gedreht und/oder verschoben wird und sich in den größeren Rahmen einpasst. Auf diese Weise wird im ersten Schritt der große Fisch von elf kleineren Fischen überdeckt. Mit dem Bild, das wir erzeugt haben, können wir unendlich so weitermachen, sodass sich am Ende die ganze Menge überlappt wie eine Collage.

Diese Art Funktion wurde von Barnsley entdeckt, der den Collage-Satz bewies. Anschließend werden wir uns genau ansehen, wie solche Funktionen erstellt werden, und feststellen, wie die Prozedur dank dieses Satzes „funktioniert".

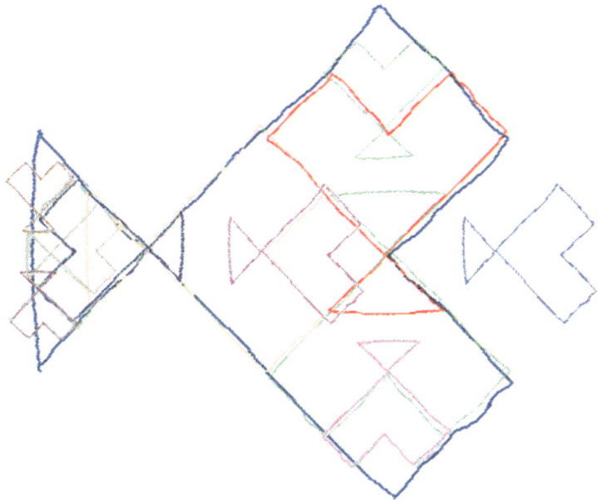

Erste Iteration des Musters des großen Fischs, der einen kleineren frisst.

Dritte Iteration des Musters.

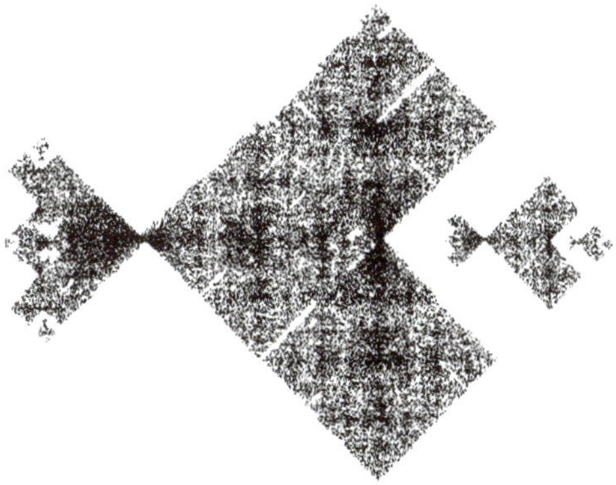

Letzte Iteration des Musters.
(Quelle für die Abbildungen: Maria Isabel Binimelis und Laura Elisabeth Violant.)

Rekursion und Selbstähnlichkeit wurden vermutlich im 17. Jahrhundert zum ersten Mal explizit genutzt – dank einer Arbeit des deutschen Polymathematikers Gottfried Wilhelm Leibniz. Er schlug bei mindestens zwei Gelegenheiten eine Idee vor, die diese Konzepte nutzte. Leibniz erklärte einem Freund ein Problem zur Packung geometrischer Figuren wie folgt: „Stell dir einen Kreis vor, zeichne in diesen Kreis drei weitere Kreise, die zueinander kongruent sind und einen maximalen Radius aufweisen; behandle jeden dieser Kreise und jedes Intervall dazwischen auf dieselbe Weise und stell dir vor, dieser Prozess geht endlos so weiter...". Neben der Referenz auf die Rekursion interessiert sich Leibniz hier auch für die Packung, für die sich die Mathematik aufgrund der verschiedenen konkreten Anwendungsmöglichkeiten schon immer interessiert hat.

Das vielleicht berühmteste Packungsproblem war die von Kepler geäußerte Vermutung. In dieser Vermutung erklärte er, dass die effizienteste Methode für die Packung von Kanonenkugeln, bei der so wenig Platz wie möglich beansprucht wird, letztlich dieselbe Mathematik ist, wie sie die Obstverkäufer an ihren Marktständen für Orangen verwenden. Diese offensichtlich sehr einfache Vermutung wurde erst 2005 vollständig bewiesen – mit Hilfe von Computern. Die meisten Packungsprobleme haben ihren Ursprung in der Physik und in der Biologie und werden von unterschiedlichsten Anwendungen im Hinblick auf Kristallographie, den Aufbau amorpher Materialien und kolloider Aggregate motiviert. Selbst die optimale Übertragung digitaler Signale kann als Version des Kugelpackungsproblems formuliert werden, auch als „Kusszahl"-Problem bezeichnet.

Bei einer zweiten Gelegenheit erklärte Leibniz, dass das ganze Universum in einem Wassertropfen enthalten sei, und dass dieses Universum wiederum kleinere Wassertropfen enthält, die jeweils das ganze Universum enthalten, die weitere noch kleinere Wassertropfen enthalten, und jeder davon ... Diese Idee und viele andere, vergleichbare, wurden jedoch schnell verworfen, weil sie nicht empirisch bewiesen werden konnten. Heute können wir sagen, dass diese Ideen nicht so verrückt sind, wie es den Anschein haben mag. Viele Wissenschaftler haben über die Ähnlichkeit zwischen dem Atommodell von Niels Bohr, einem Kern mit ihn umgebenden Elektronen, und dem Planetenmodell von Kepler geschrieben. Dabei handelt es sich um die Ähnlichkeit, die auch Mikro- und Makrokosmos verbindet. Wir wissen, dass diese Modelle nicht vollständig genau sind, aber wir wissen auch, dass wir nie sicher sein können, ob das aktuelle Modell die Realität am besten beschreibt. Es ist durchaus möglich, dass es überhaupt kein perfektes Modell gibt, und dass wir uns damit abfinden müssen, immer nur Annäherungen zu erhalten.

Ungeachtet dieser komplizierten metaphysischen Aspekte wissen wir heute, dass es sehr viele Objekte gibt, die sich selbst enthalten. Einige davon wurden von den Mathematikern theoretisch beschrieben, andere kommen in der Natur vor. Selbstähnlichkeit tritt in den unterschiedlichsten Phänomenen und in den verschiedensten Situationen auf, wie wir in den folgenden Kapiteln sehen werden. Und obwohl selbstähnliche Objekte leicht zu erkennen sind, gibt es in der Praxis keine automatische Technik, um die rekursiven Funktionen zu erzeugen, die sie erschaffen können.

Unendlichkeit in einem Kreis

Die Tatsache, dass selbstähnliche und rekursive oder iterative Phänomene so eng verbunden sind, kann ein seltsames Gefühl in uns verursachen. Dies drückt der amerikanische Künstler Duane Michals in seiner Fotoreihe *Things are Queer* aus. Der menschliche Geist fühlt sich von Prozessen mit Endlosschleifen besonders angezogen. Sie helfen uns, das Konzept der Unendlichkeit zu erfahren, das einerseits undurchschaubar, andererseits verführerisch ist. Die Künstler beschäftigen sich mit dieser Frage oft genauso intensiv wie die Wissenschaftler– möglicherweise ganz unbewusst.

Sequenz aus Things are Queer *von Duane Michals.*

Der Künstler Maurits Escher aus den Niederlanden zeigt uns in seinem Werk *Exposition d'estampes*, wie die berühmten Kakaoschachteln, den Droste-Effekt – wenn auch unsichtbar. In Bezug auf seine Arbeit erklärt Escher: „Der Junge auf der linken Seite sieht sich ein Poster an, auf dem er selbst erscheint." Wir können diese Aussage jedoch nicht nachvollziehen, weil genau an der Stelle, auf die der Junge blickt, seine Abbildung von einem weißen Lichtschleier umgeben ist. Der blinde Fleck war schon immer ein Geheimnis. Escher selbst behauptet: „Alles geht dort so tief ins Detail, dass eine Fortsetzung unmöglich gewesen wäre." Welches Geheimnis verbirgt dieser

Lichtschleier? Was hätten wir gesehen, hätte Escher seine Zeichnung im allgemeinen Raster weitergeführt? Hier bezieht sich der Begriff Raster auf das Liniennetz, das den Horizontalen und Vertikalen des nicht deformierten Bildes entspricht. Beispielsweise bilden die „vertikalen" Seiten der Bilderrahmen und Fenster einen Teil dieses Rasters, und die „horizontalen" den anderen.

Was hinter dem ersten Bogen verborgen ist, kam erst im Jahr 2000 zu Tage, als sein niederländischer Kollege Hendrik Lenstra diese Struktur analysierte. Zuerst rekonstruierte er die *Exposition d'estampes* ohne die Verzerrung. Anschließend wurde in der Mitte der Zeichnung ein weißer Bereich in Form einer unendlichen Spirale offengelegt. Anschließend vervollständigte er diesen Bereich basierend auf der vorhandenen Struktur.

Detail aus dem Werk Exposition d'estampes, *links, daneben die begradigte Version.*
(Quelle: „Notices of the AMS", Band 50 Nummer 4.)

Die Arbeit von Bruno Ernst, Schüler von Escher, beschrieb die Abfolge der Ergänzungen der begradigten Version wie folgt: „Ein Junge betrachtet die Poster von Escher in einer Kunstgalerie und sein Blick fällt auf ein Poster, das demjenigen von *Malta* (1935) ganz ähnlich ist. Der Junge konzentriert sich besonders auf die rechte obere Ecke, wo er einen Teil der Halbinsel Senglea sieht. Dort entdeckt er ein Gebäude mit einer Gewölbedecke, die ihn an die Galerie erinnert, die er soeben betreten hat. Wenn er sich noch etwas mehr auf das Detail konzentriert, erkennt er, dass in der Galerie Arbeiten von Escher ausgestellt sind, und er sieht sogar ein Poster mit einem Jungen, der auf einen Druck von Malta blickt."

Aufeinanderfolgende Vergrößerungen der begradigten Zeichnung.
(Quelle: The Droste Effect and Escher's Exposition d'estampes *von Bruno Ernst.)*

Basierend auf der mathematischen Beschreibung der Struktur und der begradigten Zeichnung erzeugte Lenstra ein Computerprogramm, das ihm ermöglichte, die Zeichnung ins Innere des Kreises zu vergrößern, weit über die Kante hinaus, an der Escher geendet hatte ... in Richtung Unendlichkeit. Auf diese Weise verschwand der blinde Fleck und die „korrigierte" Version der *Exposition d'estampes* trat zu Tage, die sich in ihrem Zentrum endlos wiederholte. Das interessanteste daran ist, dass die Information, die anfänglich die Spirale gefüllt hat, nicht erforderlich war, um das Raster in Richtung Mitte fortzusetzen.

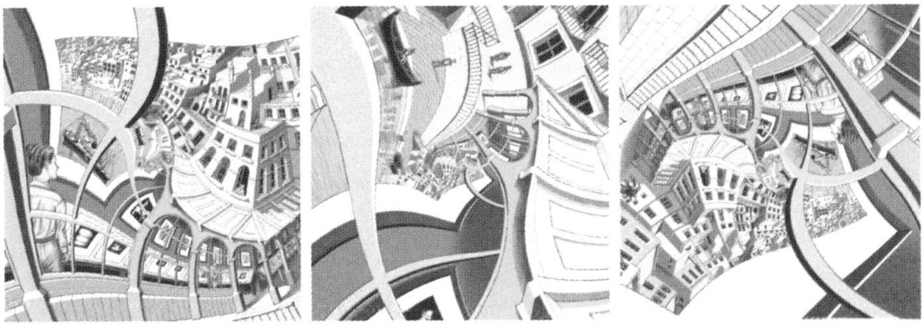

Die vollständige Version der Lithografie mit aufeinanderfolgenden Vergrößerungen des Zentrums. (Quelle: The Droste Effect and Escher's Exposition d'estampes *von Bruno Ernst.)*

Escher hatte recht, dass es unmöglich war, den inneren Kreis zu füllen – aufgrund der unendlichen Genauigkeit, mit der er hätte arbeiten müssen. Es ist jedoch möglich, all diese Informationen in einer Animation zu zeigen.

Die Art und Weise, wie Escher den Raum manipuliert, größtenteils intuitiv und im Hinblick auf ästhetische Gesichtspunkte, ist in der Welt der Kunst höchst unüblich. Durch die Veränderung von Objekten durch Reflektionen, Dehnungen, Verformungen, Projektionen und andere vergleichbare Transaktionen zeigt Escher Universen auf, die komplizierter als die Norm sind, und die höchst fortschrittliche mathematische Werkzeuge präsentieren.

Die Überschrift dieses Absatzes verweist nicht nur auf die Arbeit *Exposition d'estampes*, in der der innere Kreis wiederholt alles in Form einer unendlichen Spirale enthält, sondern auch auf verschiedene Aspekte, die für die Entwicklung der Arbeit von Escher notwendig sind, die dadurch charakterisiert ist, dass sie ein unendliches Mosaik in einem ringförmigen Raum erfasst.

Tatsächlich kann man drei wichtige Darstellungstypen in der Arbeit des Künstlers erkennen: Erstens gibt es diejenigen, die eine Landschaft oder eine alltägliche Szene aus ungewöhnlichen Perspektiven zeigen, womit sie ein faszinierendes Erscheinungsbild erhalten. Zweitens gibt es diejenigen, die unmögliche Architekturen oder Formen zeigen. Die dritten zeigen Abbildungen, in denen die Ebene oder ein Teil davon fragmentiert ist.

Die Überdeckung einer Fläche basierend auf einem Mosaik wird durch eine Reihe von Symmetrien und Periodizitäten geschaffen, die uns aufgrund ihrer unbegrenzten Ausbreitung das Gefühl von Unendlichkeit vermitteln. Escher, der besessen davon war, die Unendlichkeit visuell zu erfassen, war mit dieser Darstellung nicht ganz zufrieden, weil in der Praxis diese Möglichkeit der unendlichen Ausdehnung eine Täuschung ist, da die Arbeit an einem Rand enden muss. Escher dachte darüber nach, die Unendlichkeit in einem endlichen Raum darzustellen, was ihn zu verschiedenen Arbeiten führte, in denen Kreise und Quadrate verknüpft waren.

Er setzte seine Forschung fort und stellte eine Reihe wiederholter, ineinander verschachtelter Figuren dar. Jetzt begann er außerhalb eines quadratischen oder runden Rahmens und bewegte sich nach innen, sodass sie mit Annäherung an den Mittelpunkt immer kleiner und kleiner wurden. Es scheint jedoch, als wäre er auch mit dieser Idee nie vollkommen zufrieden gewesen. 1958 las er einen Artikel des britischen Wissenschaftlers H. S. M. Coxeter mit dem Titel *Crystal Symmetry and Its Generalizations*. Dort fand er eine Bildtafel, die in vielerlei Hinsicht eine Richtungsänderung seiner Forschungen inspirierte. Es war eine Triangulierung des Kreises mit der Eigenschaft, dass sich die Dreiecke vervielfachten, je näher sie an den Rand gelangten.

Diese Zeichnung beschreibt ein Modell des nichteuklidischen metrischen Raums, die sogenannte Scheibe von Poincaré. Es handelt sich um ein Modell mit hyperbolischer Geometrie, wobei verschiedene Linien parallel zu einer vorgegebenen Geraden einen bestimmten Punkt durchlaufen, wie wir im vorigen Kapitel gesehen haben.

Die Scheibe von Poincaré ist Teil einer Reihe wichtiger Modelle aus der hyperbolischen Geometrie, unter der Voraussetzung, dass es im realen Raum (in mathematischer Notation $\mathbb{R}^3$) keine dreidimensionale Oberfläche gibt, die sie vollständig beschreiben kann[1]. Damit unterscheidet sie sich maßgeblich von der elliptischen Geometrie, wo die Kugel als Modell für die Untersuchung verwendet wird.

Das von Poincaré beschriebene Modell besteht aus einem Kreis mit einer Metrik, die sich von derjenigen der euklidischen Ebene unterscheidet. Die metrische Eigenschaft, die die Scheibe von Poincaré charakterisiert, bewirkt, dass von außen betrachtet alles kleiner wird, je näher wir an den ringförmigen Rand gelangen[2]. Aufgrund dieser Eigenschaft würde eine Person, die in der Welt von Poincaré lebt, nie ihren Rand erreichen.

---

1 Technisch präziser ausgedrückt, gibt es keine vollständige (keine geodätische Linie kann unendlich verlängert werden) isometrische Linie (die die Distanzen beibehält), die die hyperbolische Ebene in $\mathbb{R}^3$ einbettet, obwohl es lokale Einbettungen gibt, wie beispielsweise die Pseudokugel, und auch Einbettungen, deren erste Ableitung stetig ist.

2 In dieser Metrik ist die Distanz zwischen den beiden Punkten P und Q definiert als $d(P,Q) = \left| ln \frac{PA \times QB}{PB \times QA} \right|$, wobei A und B Punkte auf dem Rand der Scheibe sind, die die einzige Gerade schneidet, die durch P und Q verläuft. (PB ist der normale euklidische Abstand zwischen P und B, und analog dazu für PA, QB und QA). Diese Definition belegt dank der Arbeit des berühmten britischen Mathematikers Arthur Cayley die Eigenschaften einer Metrik und modelliert perfekt die Idee, dass die Distanz zunimmt, je näher wir uns an einen der Punkte am Rand der Scheibe bewegen, wobei die Distanz jedes Punkts auf dem Rahmen letztlich unendlich ist.

HYPERBOLISCHE UND UNBEWUSSTE WELTEN

Würden Lebewesen aus Poincarés Welt wissen, dass sie in diesem Raum leben? Stellen wir uns vor, einer der Bewohner misst die Länge seiner Handfläche und stellt fest, es sind 20 cm. Nachdem er eine Weile auf den Rand der Scheibe zugegangen ist, misst er sie wieder. Wir würden bemerken, dass sie geschrumpft ist. Er dagegen würde feststellen, dass sie immer noch 20 cm groß ist, weil auch das Maßband geschrumpft ist. Messungen sind relativ. Für uns erscheint es von außen, dass die Handfläche geschrumpft ist, aber für die Person auf der Ebene bleibt sie immer gleich groß. Und wir erkennen auch, dass ihre Welt begrenzt ist, während sie für sie unbegrenzt ist, weil sie nie den Rand erreicht. Wie könnte sie feststellen, dass sie auf einer hyperbolischen Ebene lebt?

Eine Möglichkeit wäre, die Winkel eines Dreiecks zu addieren, und zu zeigen, dass ihre Summe kleiner 180° ist. Dieses System funktioniert immer, vorausgesetzt, das Dreieck ist groß genug, um diesen Messfehler zu kompensieren, weil mit zunehmender Größe des Dreiecks die Summe seiner Winkel abnimmt. Eine andere Möglichkeit wäre, einen Umfang mit dem Radius *r* nachzuverfolgen und zu prüfen, ob er größer als $2\pi r$ ist. Aber hier muss der Radius des Umfangs ebenfalls eine geeignete Größe aufweisen.

In seiner Reihe *Circle Limit* hat Escher insbesondere versucht, diese Metrik und das Erscheinungsbild der Geraden in diesem Modell der hyperbolischen Geometrie zu visualisieren, während er uns gleichzeitig seine eigene Interpretation der Unendlichkeit zeigt: Das Universum in einem Wassertropfen. Es können unterschiedliche Mosaikkonfigurationen verwendet werden. Diejenige in der hier gezeigten Zeichnung, die von

Auf der linken Seite sehen Sie eine Dreiecksfunktion, die in einer Arbeit von Poincaré zu elliptischen Funktionen enthalten ist, die, wie der Autor erklären will, unter Verwendung nichteuklidischer Geometrien gebildet wurde. Auf der rechten Seite Angels and Devils *von Escher.*

Poincaré in einer seiner Forschungsarbeiten verwendet wurde, besteht aus Siebenecken, die an jedem ihrer Eckpunkte jeweils mit zwei weiteren Siebenecken verbunden sind. Die Konfiguration in der Arbeit *Angels and Devils* von Escher, in dem die Fünfecke mit fünf „richtigen" Engeln an jedem Eckpunkt mit drei weiteren verbunden sind, ist besonders interessant.

Kriege und Grenzlängen

Jaromir Korcak, ein tschechischer Geograf und Statistiker, beschäftigt sich mit dem Einfluss der geografischen Umgebung auf die Population. 1938 führte er mehrere statistische Untersuchungen zur Anzahl großer Inseln in verschiedenen Regionen der Welt durch, die ihn zu einem Gesetz führten, das maßgeblich für die Entwicklung des mathematischen Konzepts einer Dimension ist. Für einen vorgegebenen Wert s berechnete er die Anzahl der Inseln mit einer Oberfläche größer s. Auf diese Weise zählte er die Anzahl der Inseln mit diesen Eigenschaften, N(s), und trug die Punkte auf einer Koordinatenachse ein. Diese Prozedur wiederholte er für verschiedene Regionen und erhielt für jede davon einen Punktegraphen. Er stellte fest, dass die Graphen etwas gemeinsam hatten: N war von einer inversen Potenz von s abhängig, oder N ist eine bestimmte Konstante k dividiert durch s in einer bestimmten Potenz, die wir als D bezeichnen:

$$N = \frac{k}{s^D} .$$

Damit konnte er einen Wert D ermitteln, der jede von ihm untersuchte Region charakterisierte. Seine Beobachtungen wurden jetzt verbessert, und wir wissen, dass das D für Afrika (wo eine große Insel andere kleine dominiert) gleich 0,5 ist. Der Wert für Indonesien und Nordamerika (wo weniger häufig große Inseln vorkommen) ist 0,75. Und der Wert für den gesamten Planeten ist durchschnittlich 0,65.

Im letzten Jahrhundert wurden innerhalb verschiedener Forschungsarbeiten Gesetze abgeleitet, die demjenigen von Korcak ganz ähnlich sind, obwohl sie sich beispielsweise auf das Vokabular von Menschen oder die Flusspegel des Nils bezogen. Sie alle wurden mit einem bestimmten Exponenten vergleichbar mit D beschrieben. Das interessanteste dieser Gesetze ist jedoch zweifellos das Gesetz von Lewis Fry Richardson (1881-1953), einem englischen Wissenschaftler und Kriegsgegner, der Pionierarbeit in der Anwendung moderner mathematischer Techniken auf die Vorhersage des Wetters leistete. Zudem spekulierte er über die Beziehung zwischen der Wahrscheinlichkeit, dass zwei Länder einen Krieg beginnen, und der Länge ihrer gemeinsamen Grenze.

WIE LANG IST EINE SPIRALE?

Spiralen sind Objekte, für die die traditionelle Längenmessung nicht ganz einfach ist. Es handelt sich um zeitlose Objekte, die die Mathematiker schon immer fasziniert haben. Archimedes schrieb eine Arbeit darüber und ist Namensgeber für einen bestimmten Spiraltyp. Die *Archimedische Spirale* ist wie der Abschnitt eines Teppichs, der aufgerollt wurde, d. h. die Länge zwischen jeder Umdrehung bleibt konstant. Die Formel dafür lautet $r=q\phi$, wobei r der Abstand des Punkts auf der Spirale als Funktion des Winkels ϕ zwischen diesem Punkt und der x-Achse ist, gemessen in Radianten und gegen den Uhrzeigersinn, und wobei q eine Konstante ist, die den Abstand zwischen den einzelnen Umdrehungen durch Multiplikation mit 2π angibt. Ein weiterer Typ sind logarithmische Spiralen, die wie folgt aussehen:

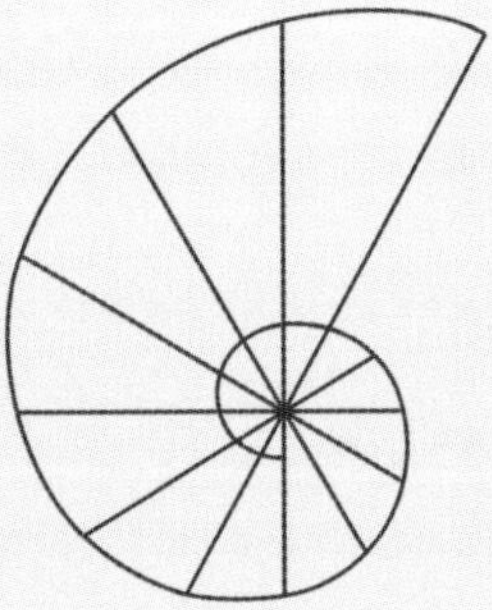

Man erhält sie, wenn das Produkt des Koeffizienten q und des Winkels ϕ den Logarithmus von r statt r ergeben. Der schweizerische Mathematiker Jacob Bernoulli war so beeindruckt von der Ähnlichkeit eines Teils dieser Spirale mit der gesamten Form (ihrer Selbstähnlichkeit), dass er die

Richardson verbrachte viele Jahre damit, Daten über die Grenzen zwischen Ländern zu sammeln. Die Ergebnisse seiner Untersuchungen wurden jedoch erst 1961 veröffentlicht, acht Jahre nach seinem Tod. In seinem Artikel erklärte er, dass verschiedene Länder verschiedene Maße für die gemeinsamen Grenzen angeben (um dies zu entdecken, musste er nur verschiedene Enzyklopädien zu Rate ziehen). Spanien beispielsweise behauptet, seine Grenze zu Portugal sei 987 km lang, während Portugal der Meinung ist, es seien 1214 km. Holland behauptet, seine Grenze zu Belgien sei 380 km lang, während Belgien angibt, es seien 449 km.

Richardson versuchte, mit Hilfe von Graphen festzustellen, woher diese enormen Differenzen von häufig bis zu 20 % kamen. Seine Erklärung, ebenso offensichtlich wie außergewöhnlich, war, dass die von einem Land verwendete Maßeinheit sehr viel kleiner als die in einem anderen Land verwendete sein konnte. Welche Experimente

folgende Inschrift für seinen Grabstein gewählt hat: *Eadem Mutata Resurgo*, was übersetzt so viel bedeutet wie „Verwandelt kehr' ich als derselbe wieder". Genau genommen war die von Bernoulli bewunderte Eigenschaft jedoch, dass das Wachstum der Spirale dasselbe ist wie von ihrem Mittelpunkt aus, gedreht um einen bestimmten Winkel.

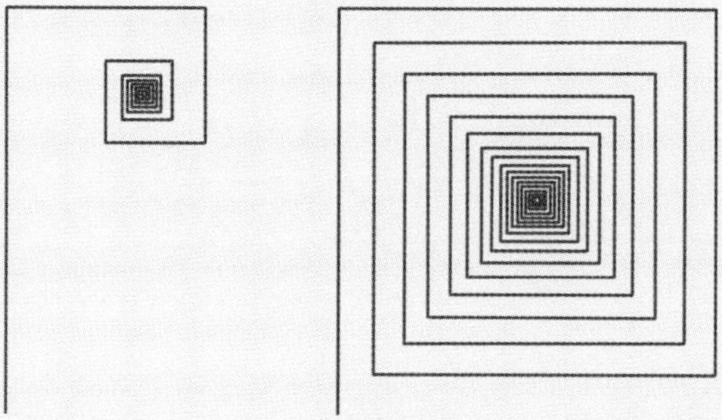

Stellen wir uns jetzt den exotischen Fall von zwei polygonen Spiralen vor, wie in der obigen Abbildung gezeigt. Auf der rechten Seite haben wir ein unendliches Polygon, wobei jede Seite um eine Proportion von $1/q$ kleiner als die vorherige Seite ist. Die Summe aller Seiten ist der Grenzwert der Reihe $1 + 1/q + 1/q^2 + 1/q^3$..., womit wir $q/(q-1)$ erhalten. Damit ist die Länge des Polygons endlich. Wählen wir als Beispiel $q = 1,05$, dann ist die Summe (oder vielmehr die Länge aller Seiten) gleich 21. Die Spirale auf der linken Seite wurde nach einer anderen Regel erstellt, die ebenfalls extrem einfach ist: Die längste Seite der Spirale ist 1 Einheit lang, die nächste 1/2, die nächste 1/3, die nächste 1/4 usw. Man weiß, dass die Summe dieser Reihe keinen Grenzwert hat, und dass die Spirale auf der linken Seite unendlich lang ist, die auf der rechten Seite dagegen nicht. Hätten Sie das vermutet?

machte Richardson? Angenommen, ein Beobachter öffnet einen Zirkel und setzt ihn auf eine Weite von 1 Meter. Er geht die Grenze entlang und addiert seine Messungen, die er an fortlaufenden Punkten an der Grenzlinie macht. Der resultierende Wert in Metern ist nur eine Annäherung der tatsächlichen Länge, weil die Messung keine konkaven und konvexen Elemente berücksichtigt, die kürzer als ein Meter sind. Anschließend setzt er seinen Zirkel auf eine kleinere Weite, beispielsweise einen Dezimeter, und wiederholt die Prozedur. Offensichtlich erhält er diesmal einen größeren Messwert, weil die gekürzte Gerade (auch als Polygon bezeichnet), die sein Zirkel messen kann, sich den geografischen Gegebenheiten besser anpasst. Richardson hat jedoch gezeigt, dass die Längenmessungen extrem zugenommen haben, je kleiner die Zirkeleinheit und je größer der Kartenmaßstab wurde. Diese außergewöhnliche Tatsache wird als „Richardson-Effekt" bezeichnet.

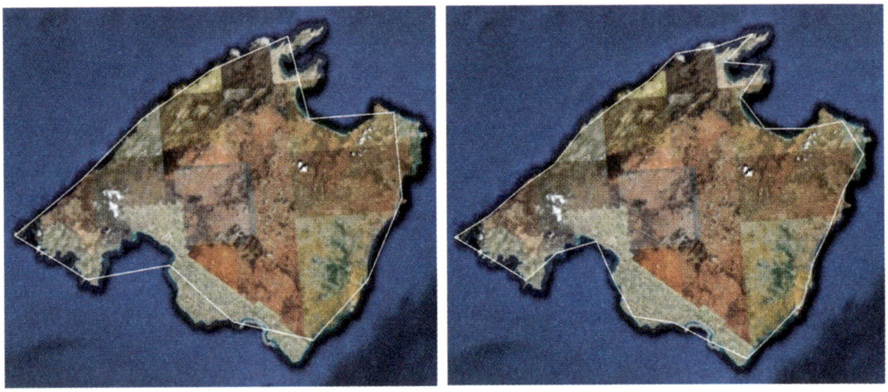

Zwei Annäherungen für die Berechnung der Küstenlänge der Insel Mallorca unter Verwendung von Segmenten unterschiedlicher Länge. Die Annäherung auf der linken Seite wurde mit einem längeren Segment als die auf der rechten Seite erstellt. Man kann erkennen, dass die zweite eine bessere Darstellung der realen Küste bietet als die erste. Es ist zwar überraschend, aber der Richardson-Effekt bedeutet, dass der Grenzwert der Messungen mit zunehmend größerer Präzision nicht der reale Wert der Küste ist, sondern unendlich.

Die Forschung Richardsons wurde zu seiner Zeit von der Wissenschaftsgemeinde ignoriert. Heute dagegen wird ihr maßgebliche Bedeutung für die moderne Erforschung von Fraktalen zugemessen. Benoît Mandelbrot zitierte die Arbeit von Richardson in einem bekannten, 1967 veröffentlichten Artikel, *How Long is the Coast of Britain?* In seinem Artikel erklärte Mandelbrot wie das Konzept der Länge seine Bedeutung verliert, wenn es um so irreguläre Objekte wie Grenzen geht. In der Folge haben Mathematiker eine Zahl abgeleitet, die quantifiziert, wie ein irreguläres Objekt mit diesen Eigenschaften den Raum füllt. Diese Zahl ist eine Extrapolation der „normalen" Dimensionen der klassischen Geometrie (0, 1, 2...). Aus diesem Grund sind die Dimensionen dieser Klasse irregulärer „nichteuklidischer" Objekte häufig Brüche.

Alles eine Frage des Maßstabs

Hier ist es einfach so, dass die euklidische Geometrie mit ihren ganzzahligen Dimensionen das Wesen irregulärer Formen nicht erfassen kann. Das Experiment von Richardson berechnet die Länge unter Verwendung unterschiedlicher Distanzen oder Maßstäbe. Wenn jemand die Länge einer Küstenlinie vom Weltall aus berechnet, erhält er sicher ein kleineres Ergebnis als jemand, der die Strände wie eine Ameise abläuft, um jedes Sandkorn zu messen. Stellen Sie sich jetzt ein Wollknäuel vor. Aus der Ferne betrachtet, sieht es aus wie ein Punkt, d. h. eine Form mit der Dimension 0. Kommt der

Beobachter jedoch näher, erkennt er, dass das Knäuel einen Raum ähnlich wie eine Kugel einnimmt, nämlich dreidimensional. Wenn er noch näherkommt, erkennt er, dass sich der Faden, aus dem sich die Kugel zusammensetzt, zu einem eindimensionalen Objekt vergrößert. Und wenn er noch näherkommt, sodass er den Aufbau des Fadens erkennt, stellt er wieder fest, dass es sich eigentlich um drei Dimensionen handelt, bestehend aus den einzelnen Fasern, aus denen er besteht, mit dem Aussehen dreidimensionaler Röhren. Und so weiter. Natürlich kann man nicht objektiv von der Dimension des Fadens sprechen, weil diese komplett von der Perspektive des Betrachters abhängig ist – vom Maßstab, der dafür verwendet wird.

Betrachten wir jetzt ein Beispiel des Richardson-Effekts, indem wir die Annäherungen an den Umfang eines Kreises einerseits und die reale Größe des Umfangs der Insel Mallorca andererseits vergleichen. Angenommen, wir haben einen Umfang mit 100 km Durchmesser, eine Größenordnung, der Mallorca in etwa entspricht. Damit erhalten wir einen Umfang von π multipliziert mit dem Durchmesser, oder 314,15... km. Wir tragen die Ergebnisse in einen logarithmischen Graphen ein, um den Bereich der verschiedenen Zirkelöffnungen besser abschätzen zu können, die wir verwenden werden. Auf der horizontalen Achse tragen wir das Inverse der Öffnung ein, was als die Genauigkeit der Messung interpretiert werden kann. Wenn die Öffnung s klein ist, d. h. die Messung ist präziser, ist sie $1/s$ groß. Die vertikale Achse verwenden wir für den Logarithmus der Länge des Umfangs.

Für einen Kreisumfang erhalten wir für eine Zirkelöffnung von 50 km die beste Annäherung mit einem Polygon mit sechs Seiten von jeweils 50 km, also insgesamt 300 km. Hat das Polygon 12 Seiten mit 25,882 km, wird die Annäherung zu 310,584 km. Mit einem Polygon von 24 Seiten mit je 13,053 km erhalten wir 313,272 km. Mit 48 Seiten mit je 6,54 km erhalten wir 313,92 km. Mit 96 Seiten mit je 3,727 km erhalten wir 314,112 km. Und mit 192 Seiten mit je 1,636 km erhalten wir ebenfalls 314,112 km. Wenn wir also die Zirkelöffnung reduzieren, konvergiert unsere Annäherung an den Kreisumfang gegen den realen Wert.

Für die Küstenlinie von Mallorca dagegen ist dies nicht der Fall. Wenn wir eine Annäherung mit einem Polygon mit einer Seitenlänge von 28 km verwenden, erhalten wir einen Umfang von 362,2 km. Zeichnen wir das Polygon mit Seitenlängen von 14 km, ist der Umfang 416,7 km. Für Seitenlängen von 7 km wird er zu 467,7 km, und für Seitenlängen von 3,5 km ist der Umfang 524,8 km.

Die Punkte auf dem Graphen liegen in beiden Fällen fast auf einer Geraden. Offensichtlich können wir aufgrund der Natur der Messungen nicht erwarten, dass alle Punkte genau auf der Geraden liegen. Bei einem Kreis ist die Gerade fast horizontal,

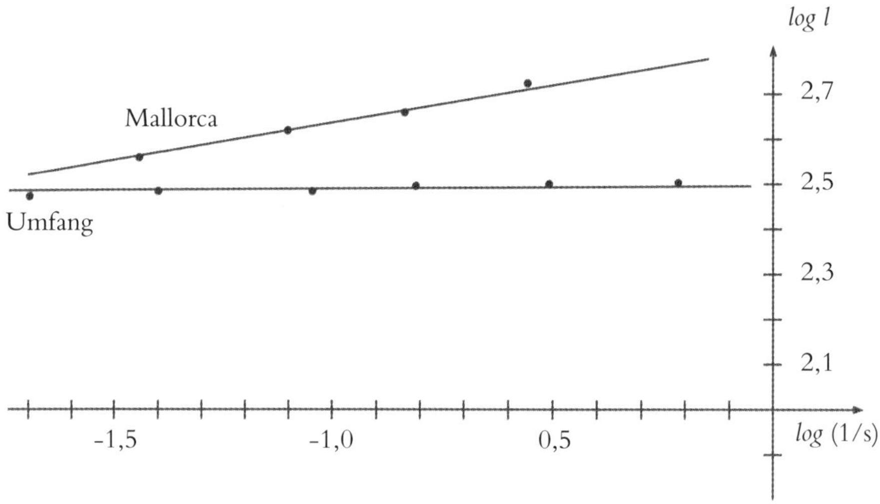

während sie für den Fall der mallorquinischen Küstenlinie eine leichte Steigung von $d = 0{,}17$ aufweist. Die Gleichung der Geraden kann wie folgt ausgedrückt werden: $\log l = d \log (1/s) + k$, wobei l die Länge des mit einer Öffnung von s geschätzten Umfangs ist; k ist eine spezifische Konstante, und d die Steigung der Geraden, die berechnet wurde. Wandelt man diesen Ausdruck in eine exponentielle Form um, erhalten wir:

$$l = \frac{c}{s^d} \,.$$

Beachten Sie die Ähnlichkeit dieser Formel mit dem Gesetz von Korcak. Die Arbeit von Richardson schließt weiterhin, dass das traditionelle Konzept der Länge einer Küste bedeutungslos ist, und schlägt die Einführung des neuen Konzepts der „Rauheit“ ein, die durch den Wert der Steigung d bestimmt wird, die wir im vorigen Beispiel berechnet haben. Im Fall realer Küsten und Grenzen schätzte er die folgenden Werte für d:

$d = 0{,}25$ für die Westküste Großbritanniens, eine der zerklüftetsten Küsten der Welt;
$d = 0{,}15$ für die deutsche Grenze;
$d = 0{,}14$ für die Grenze zwischen Portugal und Spanien;
$d = 0{,}13$ für die australische Küste;
$d = 0{,}02$ für die südafrikanische Küste, eine der gleichmäßigsten Küstenformen.

In der Natur erscheinen fraktale Objekte häufig abhängig von zwei konkreten Umständen oder Situationen:

Grenzen: Dies beinhaltet alle Fälle, in denen zwei Umgebungen – Mensch, Natur, Physik, Chemie usw. – in Kontakt gelangen, oder auch zwei verschiedene Oberflächen. Eine Grenze zwischen Ländern, Flussbänken, Küstenlinien, Wolken usw.

Bäume: Dies beinhaltet alle Fälle, in denen eine Verästelung mit Selbstähnlichkeit stattfindet: Bäume, Büsche und Pflanzen, Flussbecken usw.

Gewisse Pflanzenstrukturen oder Luftansichten von Wasserbassins oder einiger Flüsse weisen eine fraktale Struktur auf.

Überdeckungen

Kurven, Oberflächen und Volumen sind häufig so komplex, dass eine Messung zu einer wahren Herausforderung wird. Das von Richardson entdeckte Konzept, laut dem die Länge eine Potenzfunktion der Genauigkeit mit dem Exponenten *d* ist, ist (zusammen mit denjenigen von Korcak, Zipf und Hurst) nützlich, um ein neues Konzept zu betrachten: Dimension.

Zu Beginn des 20. Jahrhunderts war eines der größten mathematischen Probleme, die Bedeutung der Dimension und ihrer Eigenschaften zu bestimmen. Mit der Einführung unterschiedlicher Dimensionstypen verschlimmerte sich die Situation weiter – wir haben unter anderem topologisch, Hausdorff, fraktal, selbstähnlich … und viele andere mehr. Alle sind miteinander verknüpft, und nicht alle ergeben in jeder Situation Sinn. Analog dazu sind sie in bestimmten Situationen gleich, in anderen dagegen nicht.

Entgegen unserer Hoffnung sollten wir nicht erwarten, dass es eine einzige Definition der Dimension gibt, um das Wesen dieses Konzepts darzulegen. Die Suche nach dem Heiligen Gral, also einer einzigen, universellen und akzeptablen Definition, ist vergebens. In seinem Buch *Measure, Topology and Fractal Geometry* erklärt Gerald A. Edgar das Konzept der Dimension mit den folgenden Worten:

> „Wenn wir einen Punkt haben, den wir einschließen wollen, können wir einen kleinen Würfel als Gefängnis verwenden. [...] Der Würfel besteht aus sechs ebenen Flächen. Wir müssen wissen, dass sie zweidimensional sind. Ein Punkt, der sich auf diesen Flächen befindet (Flächenland), kann unter Verwendung eines kleinen Kreises eingeschlossen werden. Um sagen zu können, dass die Seiten des Würfels zweidimensional sind, müssen wir also wissen, dass ein Kreis eindimensional ist. Ein Punkt, der sich auf dem Kreis befindet (Linienland) kann unter Verwendung von nur zwei Punkten als Gefängnismauern eingeschlossen werden. Wir müssen also wissen, dass eine Menge aus zwei Punkten nulldimensional ist. Ein Punkt schließlich, der sich innerhalb der Zwei-Punkte-Menge befindet (Punkteland), kann sich von sich aus nicht bewegen. Wir brauchen also keine Gefängnismauern. Dies ist die Definition einer nulldimensionalen Menge."

Das Konzept einer induktiven Definition der Dimension fällt in *Elemente* von Euklid nicht an, weil es implizit definiert ist. Man sagt, eine Figur ist eindimensional, wenn ihr Rand aus Punkten besteht, zweidimensional, wenn er aus Linien besteht, und dreidimensional, wenn er aus Flächen besteht. Poincaré erklärte die Angelegenheit auf ähnliche Weise mit dem Begriff „topologische Dimension". Seine Formulierung lautete wie folgt: Ein Raum hat die Dimension n, wenn er auf irgendeine Weise durch einen Raum mit der Dimension n-1 unterteilt werden kann. Um diese Definition präziser zu machen, muss „auf irgendeine Weise unterteilt" genauer definiert werden. 1913 unternahm Brouwer den ersten Versuch, diese Aktion zu spezifizieren, gefolgt von Pável Urysohn zehn Jahre später. Beide wenden eine unterschiedliche Interpretation an, für lokal verbundene Räume sind sie sich jedoch einig. Es gibt also derzeit drei Definitionen der topologischen Dimension, die als signifikant betrachtet werden. Die induktive Definition von Urysohn (und Menger), die induktive Dimension von Brouwer (und Cech) und die Lebesgue'sche Überdeckungsdimension[3].

3 Laut der Definition von Brouwer hat nur die leere Menge die Dimension -1. Die Dimension eines Raums ist die kleinste ganze Zahl n, sodass jedes Element eine Reihe beliebig kleiner offener Mengen mit Rändern hat, deren Dimension grundsätzlich kleiner als n ist.

Der Aufbau der topologischen Lebesgue'schen Überdeckungsdimension (nachfolgend als topologische Dimension oder Überdeckungsdimension bezeichnet) ist vor allem für sehr irreguläre Mengen geeignet. Die Überdeckungsdimension kann man sich ganz einfach vorstellen. Eine Überdeckung einer Untermenge S von $\mathbb{R}^n$ ist eine beliebige Sammlung offener Mengen[4], deren Vereinigungsmenge die Menge S enthält. Die Abbildung zeigt eine Möglichkeit der Überdeckung einer Kurve in $\mathbb{R}^2$.

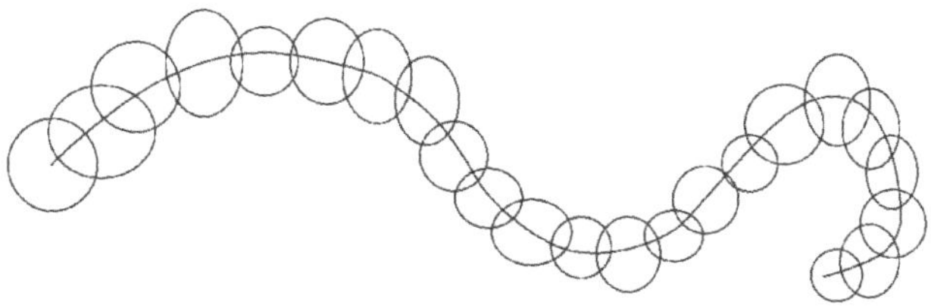

Eine Kurve mit einer Überdeckung zweiter Ordnung.
(Quelle für die Abbildungen auf dieser Seite: Maria Isabel Binimelis.)

Dasselbe können wir für eine Fläche der spezifischen Ebene machen. Wir verwenden hier eine leicht nachvollziehbare Analogie. Wir sollen eine bestimmte Fläche grün ausmalen, und wir haben ein oder mehrere Pads, die kreisförmig sein können (aber nicht müssen). Eine Überdeckung dieser Fläche wäre, sie grün anzumalen, ohne irgendwelche Lücken zu lassen. Offensichtlich werden einige Bereiche mehrmals überdeckt, d. h. sie sind dunkler, wenn wir eine nicht vollständig deckende Farbe verwenden. Von all diesen Bereichen wählen wir den (oder die) dunkelsten aus, d. h. denjenigen, der am häufigsten übermalt wurde, und die Anzahl, wie oft dieser dunkelste Bereich bzw. die dunkelsten Bereiche übermalt wurden, wird als die Ordnung der Überdeckung bezeichnet. Im Fall einer Fläche haben wir beispielsweise die folgenden Überdeckungen:

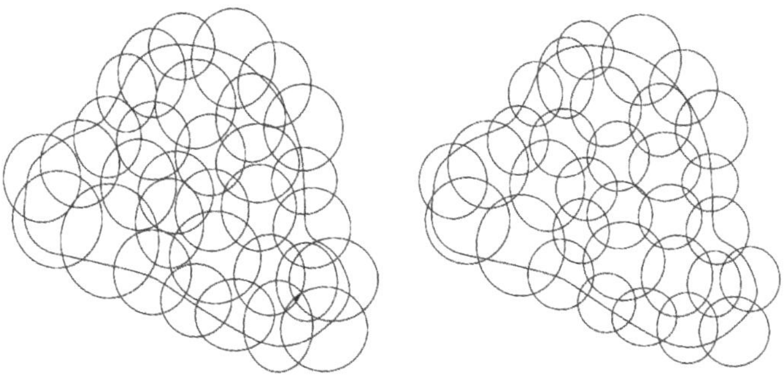

4 Um „Öffnung" zu definieren, müssen wir zuerst festlegen, in welchem Raum wir uns bewegen, und welche Metrik verwendet wird. In diesem Fall wollen wir der Einfachheit halber von einem realen Raum mit der euklidischen Metrik ausgehen.

Jetzt beobachten wir die erste Überdeckung (links) mit der eiförmigen Fläche und konzentrieren uns dabei vor allem auf die schwarz schattierte Fläche. Sie wird von fünf Pads überdeckt und es gibt keinen Bereich, der von mehr Pads überdeckt wird. Damit ist die Ordnung dieser Überdeckung gleich 5. Kann sie reduziert werden? Das bedeutet, können wir unsere Pads verwenden, um jeden Punkt auf der Fläche so zu kennzeichnen, dass wir keinen davon fünf Mal kennzeichnen müssen? Rechts im Bild sehen wir, dass dies möglich ist: Die Oberfläche der Pads kann etwas reduziert werden (alle Pads sind in der äquivalenten Abbildung links enthalten), sodass die Fläche trotzdem vollständig überdeckt ist. Wir sagen, die neue Überdeckung ist eine Über-Überdeckung der ersten. Damit konnten wir die Ordnung auf 4 reduzieren.

Wie wir in der folgenden Abbildung sehen, ist es möglich, eine Überdeckung der Ordnung 3 zu erzielen, die Ordnung 2 dagegen ist nicht möglich.

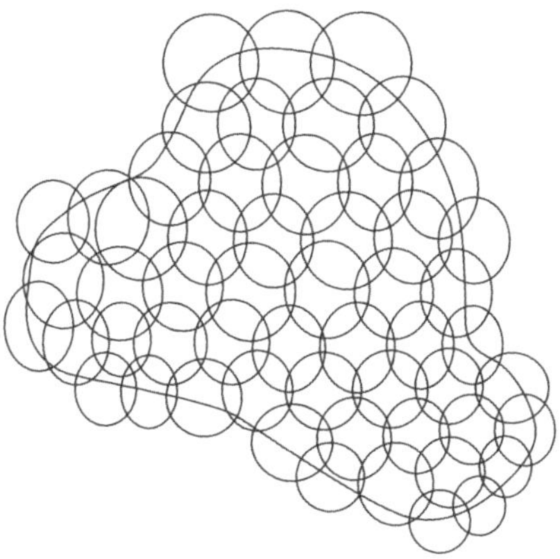

Unsere eiförmige Fläche, überdeckt mit jeweils maximal drei Pads.
(Quelle für die Abbildungen auf dieser Seite: Maria Isabel Binimelis.)

Im Allgemeinen sagen wir, eine Menge hat eine topologische Dimension (oder Überdeckungsdimension) n, wenn die minimal mögliche Abdeckung die Ordnung $n + 1$ hat. Damit können wir sagen, die topologische Dimension der ersten Abbildung (der Kurve) ist 1, während sie für die zweite (die eiförmige Form) 2 ist. Ein Punkt ist nulldimensional, eine Linie ist eindimensional, eine Ebene ist zweidimensional, und der euklidische Raum $\mathbb{R}^n$ ist im Allgemeinen n-dimensional.

Aus dieser Perspektive entspricht die Dimension jedes Raums (eines Punkts, einer Linie, einer Fläche usw.) der Anzahl der Parameter, die erforderlich sind, um die verschiedenen Punkte im Raum zu beschreiben. Beispielsweise sind nur zwei Koordinaten erforderlich, um jeden Punkt auf einer Ebene zu beschreiben – eine Abszisse (die z. B. die Höhe bestimmt) und eine Ordinate (die die Breite bestimmt). Im Gegensatz dazu sind für den Raum drei Koordinaten erforderlich: die Breite, die Höhe und die Tiefe.

Die Definition der topologischen Dimension wurde größtenteils durch die beiden starken Erschütterungen im Hinblick auf die herkömmliche Interpretation der Dimension (übermäßig von intuitiven und unpräzisen Konzepten abhängig, wie beispielsweise „Dünne") motiviert, die Ende des 19. Jahrhunderts auftraten. Die erste wurde verursacht durch den Beweis von Cantor, dass es eine punktweise Entsprechung zwischen der realen Geraden $\mathbb{R}^1$ und der realen Ebene $\mathbb{R}^2$ gibt. Die zweite entstand durch die Konstruktion einer stetigen Funktion in $\mathbb{R}^1$ auf $\mathbb{R}^2$ durch Peano. Wir werden uns jetzt genauer mit diesen wichtigen Entdeckungen beschäftigen – auf einfache und intuitive Weise und beginnend mit der Peano-Kurve.

Kurven, die die Ebene bedecken

Eines der Ziele von Berechnungen ist es, Dinge zu messen – Längen von Kurven, Flächen von Bereichen, Volumen von Körpern usw. Unter bestimmten Bedingungen kann es sehr schwierig sein, die Länge einer Kurve zu messen. Wird sie jedoch mit Hilfe einer aus geraden Segmenten zusammengesetzten Linie angenähert (auch als polygonale Linie oder einfach Polygon bezeichnet), kann eine sehr genaue Annäherung erzielt werden. In der folgenden Abbildung sehen wir ein Beispiel für diesen Prozess.

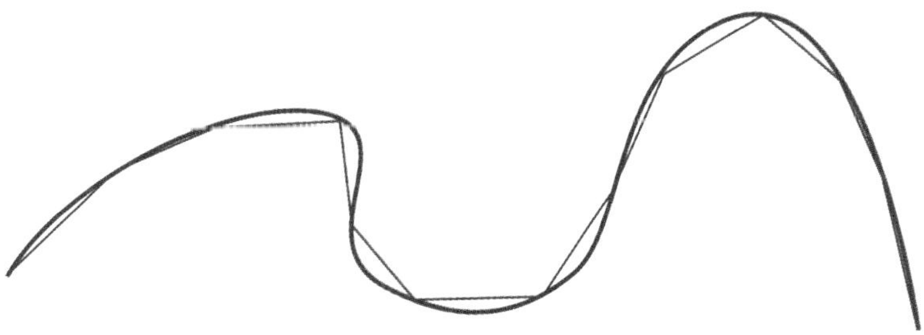

Polygon einer Kurve.

Wir sagen, eine Kurve ist begradigbar, wenn alle eingetragenen Liniensegmente tendenziell einen gemeinsamen Wert L haben, wenn die Länge der Segmente gegen 0 geht – mit anderen Worten, wenn die Liniensegmente, aus denen sich das Polygon zusammensetzt, kleiner werden. Dieser gemeinsame Wert L ist definiert als die Länge der Kurve. Für Flächen können wir eine vergleichbare Argumentation anwenden, wobei wir aber die Annäherung unter kleinen Rechtecken anstelle gerader Linien durchführen.

In diesem Beispiel verwenden wir verschiedene Objekte mit einer topologischen Dimension von 1 (gerade Liniensegmente), um ein anderes Objekt mit derselben Dimension anzunähern. Die Operation wurde unter Verwendung einer genialen und gleichzeitig überraschenden Prozedur durchgeführt, die auch noch intuitiv ist. Aber was passiert, wenn wir jetzt die Möglichkeit betrachten, Objekte aus einer euklidischen Dimension unter Verwendung anderer Objekte einer niedrigeren Dimension anzunähern? Ist es beispielsweise möglich, die Fläche eines Quadrats mit einer Kurve anzunähern? Intuitiv würden wir dies ablehnen: Kurven haben keine Dicke, und damit ist es nicht möglich, mit ihnen einen dicken Raum zu konstruieren. Anders ausgedrückt, ein Objekt mit der topologischen Dimension 1 (eine Kurve) kann nicht in ein Objekt mit der Dimension 2 (z. B. ein Quadrat) umgewandelt werden. Das Gegenteil zu beweisen, wäre (intuitiv gesprochen) eine wahre Ungeheuerlichkeit.

Die Peano-Kurve

1890 entdeckte der italienische Mathematiker Giuseppe Peano eine stetige Kurve, die alle Punkte eines Quadrats mit der Seitenlänge 1 durchläuft. Mit anderen Worten, ein eindimensionales Objekt konnte in ein Objekt mit der Dimension 2 umgewandelt werden. Peano folgte den von Cantor dargelegten Schritten, der zuvor und völlig gegen die Intuition bewiesen hatte, dass die Kardinalität der unendlichen Punkte des Einheitsintervalls gleich derjenigen der Unendlichkeit aller Flächen ist, wie beispielsweise des Einheitsquadrats (wir werden später noch sehen, was diese revolutionäre Entdeckung bedeutet[5]).

Intuitiv ist eine stetige Kurve „die Bahn, die ein Punkt in stetiger Bewegung verfolgt". Um die Unschärfe aus diesem Konzept zu eliminieren und die Entdeckung von Peano genauer zu beleuchten, führte Jordan 1887 die strenge Definition ein, die als präzise Beschreibung des Konzepts einer stetigen Kurve übernommen wurde: „Ein Segment einer Kurve ist eine stetige Funktion, die für alle Werte eines Einheitsintervalls definiert ist." Die Standardmethode für die Konstruktion einer Peano-Kurve besteht in einem wiederholten Prozess, ausgehend von einer Kurve mit neun Segmenten, die dann durch die in jeder vorherigen Iteration erzeugten Figur ersetzt werden.

5 Die Cantor-Transformation ist zwar eineindeutig, aber nicht stetig. Peano dagegen wollte eine stetige Funktion des Einheitsintervalls hin zum Einheitsquadrat konstruieren, selbst wenn sie nicht eineindeutig war (tatsächlich hatten mehrere Punkte desselben Segments dasselbe Abbild). Das bedeutet schließlich, dass das Einheitssegment und das Einheitsquadrat nicht äquivalent sind. Man musste bis 1911 warten, bis der Niederländer Jan Brouwer einen präziseren Beweis darlegen konnte.

Um die neun Anfangssegmente zu zeichnen, kann die folgende Methode angewendet werden:

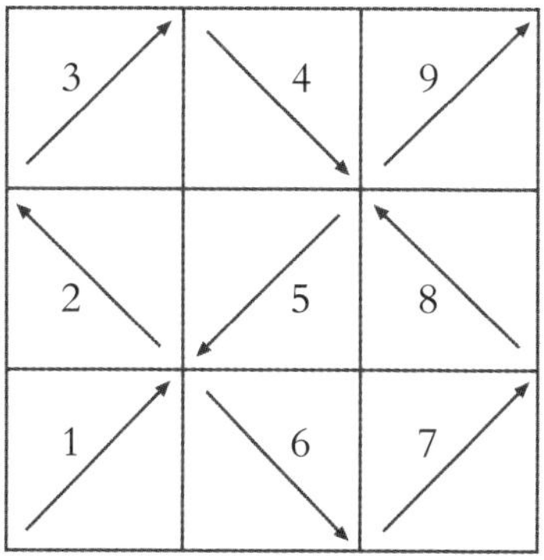

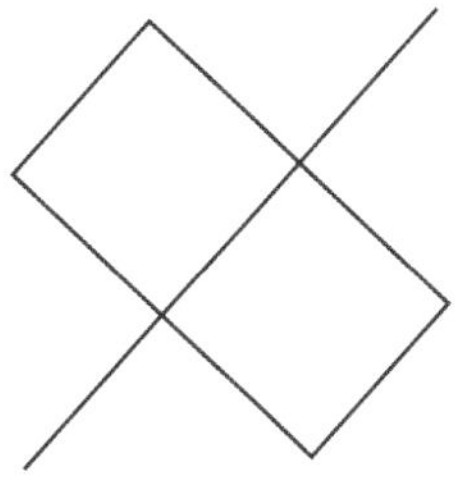

Zuerst wird die Linie mit der Nummer 1 gezeichnet usw. Der Prozess wird dann für jedes der neun Anfangssegmente wiederholt (d. h. alle neun Anfangssegmente, die wir gezeichnet haben, werden ersetzt). Dieser Prozess wird wiederholt durchlaufen. Das Ergebnis ist eine Kurve, die wie nachfolgend dargestellt aussieht. (In der zweiten Menge der drei Bilder wurden die Ecken abgerundet, damit besser erkennbar ist, dass die Peano-Kurve als stetiger Pfad konstruiert werden kann.)

Nach einer unendlichen Anzahl an Iterationen nimmt die Peano-Kurve nicht mehr Raum ein als das ursprüngliche Quadrat.

Der ursprüngliche Beitrag von Peano war jedoch vollständig analytisch. Er hat keinen iterativen Prozess definiert und er konnte nicht grafisch dargestellt werden. Damit konnte auch keine Kurve gezeichnet werden. (Es stimmt jedoch, dass er in einem Schritt eine Zeichnung einer liegenden Acht gemacht hat, um die Stetigkeit seiner Funktion darzulegen.) Peano zeigte nur die Reihenfolge auf, in der die grafische Darstellung der Funktion das Quadrat füllt. Es waren andere Mathematiker, die im Versuch, die im Artikel von Peano definierte abstrakte Funktion grafisch darzustellen, eine iterative Reihe von Kurven vorschlugen, wie in der vorherigen Abbildung dargestellt, oder etwa wie folgt:

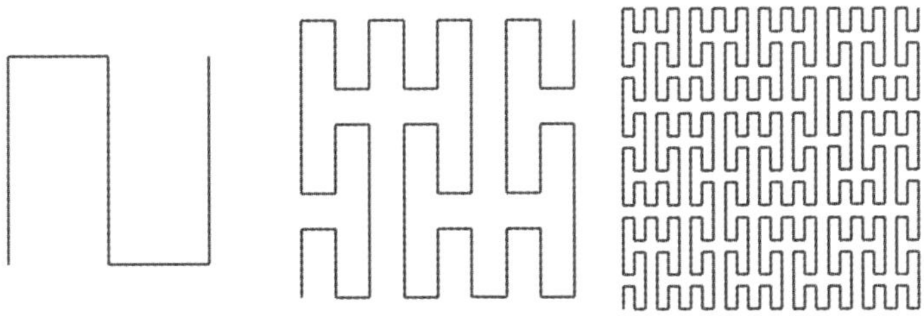

Aus diesem Grund wissen wir nicht genau, welche dieser beiden Kurven tatsächlich als Peano-Kurve bezeichnet werden kann. Die beiden polygonalen Annäherungen tendieren zum selben Grenzwert: dem Quadrat.

Der Artikel des italienischen Mathematikers wurde 1890 veröffentlicht und bildete die erste Beschreibung einer Kurve, die die Ebene überdeckte. Es gibt Varianten der Peano-Kurve, die die Ebene nicht überdecken. Eine davon erhält man beispielsweise durch eine Abänderung der Prozedur mit den neun Segmenten, sodass die vertikalen Segmente kürzer als die horizontalen sind.

Andere erhält man, indem das mittlere Segment weggelassen wird. Diese letzte Kurve ist besonders, weil die damit erzeugten Bilder stetig sind, die Funktion, die sie definiert, dagegen nicht.

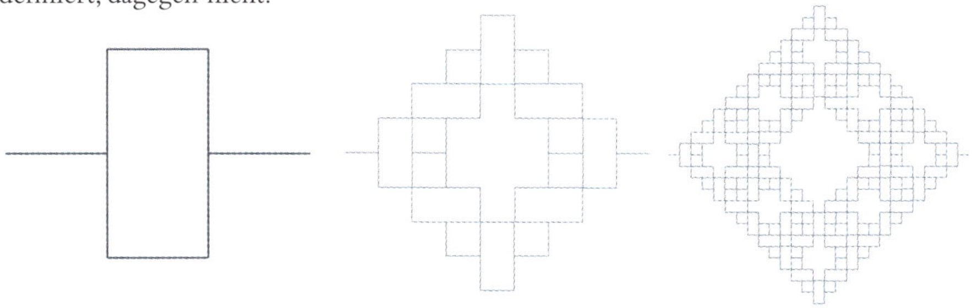

MUSIK UND MATHEMATIK

Kompositionen in der Musik wurden nach dem Konzept erstellt, die Ebene mit einem eindimensionalen Objekt abzudecken. Beispielsweise hat der Geiger Scott St. John ein elf Minuten dauerndes Stück für Kontrabass und englisches Horn komponiert. Im ersten Satz füllen die beiden Instrumente ihre jeweiligen rhythmischen und tonalen Räume aus. Wenn sich eine Tonart entwickelte, begann eines der beiden Instrumente sofort, in eine andere Tonart auszubrechen. Das Ergebnis ist eine Konfrontation zwischen langen, ausdruckstarken Phrasen und schnellen Energieausbrüchen. Im zweiten Teil arbeiten die beiden Musiker gemeinsam an Mustern von Form und Stil. Die ungenauen Tonarten des ersten Satzes werden konkretisiert, und wenn die Partition in unterschiedlichen Tonleitern betrachtet wird, ergeben sich große Ähnlichkeiten.

Die Hilbert-Kurve

Vor der grafischen Darstellung der Peano-Kurve veröffentlichte David Hilbert ein weiteres Beispiel für eine raumfüllende Kurve. Das grundlegende Prinzip hinter der Hilbert-Kurve unterscheidet sich leicht von dem von Peano: Statt nur ein Motiv zu verwenden, wurden verschiedene verwendet, und das mit unterschiedlichen Regeln. Solche Konstruktionen werden als „nicht dem Standard entsprechend“ bezeichnet.

Der berühmte deutsche Mathematiker David Hilbert.

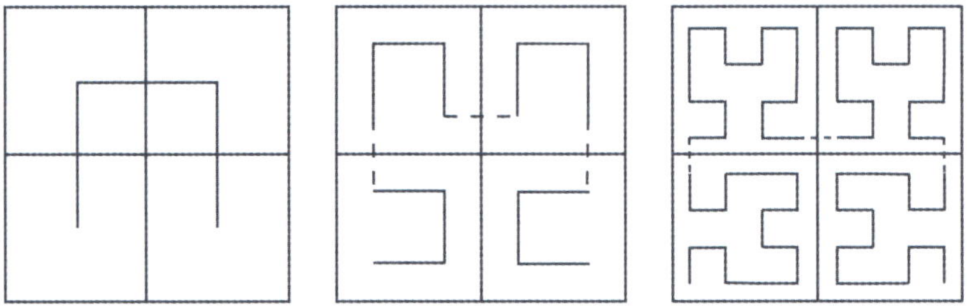

In diesen Zeichnungen erkennen wir, dass die Komponenten in jedem Schritt durch drei Segmente verbunden werden, die immer kleiner werden, je höher das Level ist. Dies ist die ursprüngliche Konstruktion, wie von Hilbert 1891 in einem zweiseitigen Artikel beschrieben. Es gibt eine Standardkonstruktion derselben Kurve, ausgehend von einer etwas anderen Form, was wir jedoch dem Selbststudium des interessierten Lesers überlassen. Der Unterschied zwischen Hilbert- und Peano-Kurven ist, dass Hilbert-Kurven in Intervallen von Längen der Hälfte der jeweils vorherigen Intervalle auf Quadrate mit Seiten der Hälfte der jeweils vorherigen Quadrate angewendet werden, während die letztere ihr eigenes Ding macht mit Intervallen und Quadraten von einem Drittel.

Es gibt extrem interessante Variationen der Hilbert-Kurve, beispielsweise mit einem umgekehrten V als Ausgangsbasis, und eine weitere von Carl Hansen, die auf einem H basiert (offenbar zu Ehren der Person, die ihre Erstellung inspiriert hat). Ein weiteres attraktives Attribut der Hilbert-Kurve ist, dass sie abgeändert werden kann, um einen volumetrischen Raum zu überdecken, wie in der nachfolgenden Abbildung gezeigt.

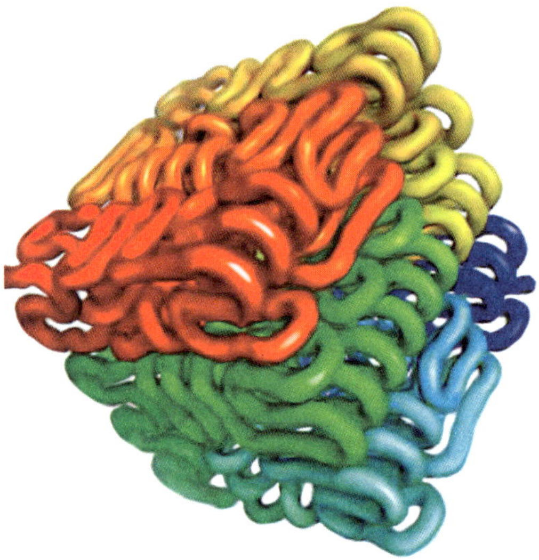

Für diese dreidimensionale Version gibt es extrem wichtige Anwendungen in mechanischen Geräten, insbesondere in solchen, in denen Übertragungsfehler vom sogenannten Gray-Code abhängig sind, der auf einer Variation der binären Notation basiert. Wenn wir die Zahlen von 0 bis 7 in der traditionellen Binärnotation darstellen, haben wir die folgende Sequenz: 000, 001, 010, 011, 100, 101, 110, 111. Nachfolgend ist jede Zahl an den Ecken eines Würfels positioniert, korrespondierend mit ihren Ziffern. Anschließend ordnen wir sie entlang des Pfads der Hilbert-Kurve, wie in der folgenden Abbildung gezeigt:

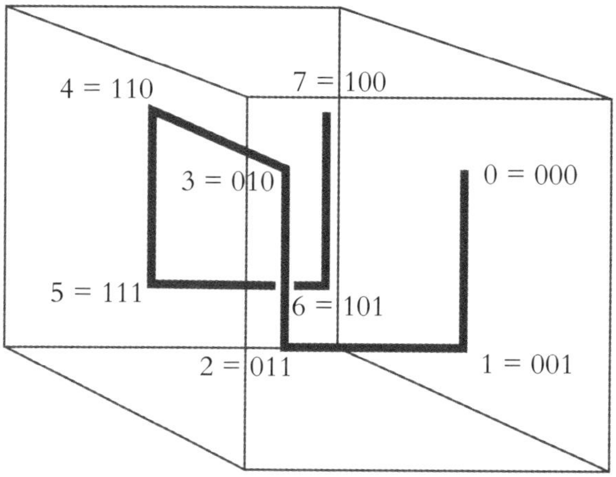

Diese Sequenz ist der Gray-Code und hat die Besonderheit, dass die entstandene binäre Sequenz einer bestimmten Reihe folgt. Wenn wir genau hinsehen, erkennen wir, dass sich jedes Zahlentripel vom vorhergehenden nur um eine Ziffer unterscheidet (ein Bit Information), was in der herkömmlichen Sequenz nicht der Fall ist, wo auf die 001 beispielsweise die 010 folgt (ein Unterschied von zwei Ziffern). Technisch gesehen ist der Hamming-Abstand zwischen zwei Tripeln gleich 1. Müssen wir dagegen die ersten acht Ziffern codieren, wählen wir die zweite Hilbert-Kurve, sodass uns Zahlen von 0 bis 31 zur Verfügung stehen. Der Gray-Code unterstützt eine deutliche Reduzierung von Übertragungsfehlern und wird allgemein z. B. in der digitalen TV-Übertragung eingesetzt.

Eine weitere Anwendung der Hilbert-Kurve ist die Verarbeitung digitaler Bilder. Wenn wir ein Graustufenbild an einen Drucker der ersten Generation senden wollen, müssen wir ein annäherndes Binärmodell konstruieren, weil diese Drucker nur einen

Code verstehen: 0 oder 1 (Tinte oder keine Tinte). Um dies zu erzielen, wird eine Technik angewendet, die als „Dithering" bezeichnet wird. Ziel dieser Technik ist es, die Verwendung einer umfangreichen Farbpalette zu simulieren, während tatsächlich nur begrenzt viele Farben zur Verfügung stehen. Außerdem versucht sie, viele verschiedene Graustufen nachzubilden, wenn nur eine binäre Beschreibung zur Verfügung steht.

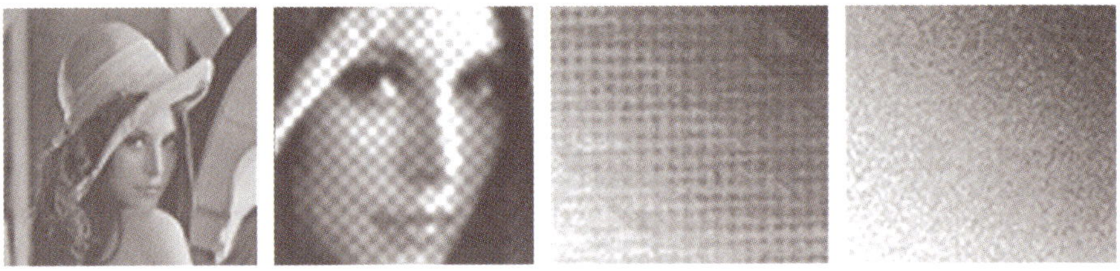

In dem Bild auf der linken Seite sehen wir das Originalbild mit 256 Graustufen (dieses spezifische Foto wird heute als Standard in allen wissenschaftlichen Artikeln verwendet, die mit der Bildverarbeitung zu tun haben). Auf der rechten Seite sehen wir eine Nahaufnahme desselben Bildes, behandelt mit Dithering-Techniken, um den Effekt des vorherigen Bildes zu simulieren, wenn es weniger als 256 Graustufen gibt. Es folgt eine Vergrößerung des letzten, und auf der rechten Seite eine Vergrößerung des vorherigen, die unter Verwendung der Hilbert-Kurve erzeugt wurde.

Der Prozess verhält sich wie folgt: Um ein Bild mit 256 Graustufen zu transformieren, wird normalerweise eine Vertauschung von Zeilen oder Blöcken mit Pixeln durchgeführt. Einem bestimmten Pixel wird eine Graustufe aus der reduzierten Palette zugeordnet, abhängig von den Graustufen der benachbarten Pixel, und zwar so, dass der Gesamtfehler so klein wie möglich gehalten wird. Wie in der Vergrößerung zu sehen ist, erscheinen normalerweise kleine Fehler im Bild, wenn es auf diese Weise berechnet wird, womit das verwendete Dithering offensichtlich wird. Um solche Fehler zu verhindern, wird statt des Vertauschens horizontaler Linien eine Hilbert-Kurve verwendet, die alle Pixel des Bildes durchläuft. Der Vorteil bei dieser Vertauschungsmethode ist, dass es keine Richtungstrends gibt, wie es bei den anderen Prozeduren der Fall ist.

Dreiecke, Schwämme und Schneeflocken: Die fraktale Dimension

1904 veröffentlichte der Schweizer Helge von Koch den Artikel „Über eine stetige Kurve ohne Tangente, konstruierbar aus der elementaren Geometrie". Darin verbirgt sich ein Konzept, das ebenso einfach wie überraschend ist. Betrachten wir ein horizontales gerades Liniensegment mit der Länge 1. Wir ersetzen das anfängliche Segment durch vier gerade Liniensegmente jeweils mit der Länge 1/3. Daraus ergibt sich die erste Kurve einer iterativen Reihe, wie hier gezeigt:

Wenn wir eine dieser Kurven auf jeder der drei Seiten eines gleichseitigen Dreiecks mit der Seitenlänge 1 anordnen, erhalten wir die sogenannte Koch'sche Schneeflocke. Diese Kurve hat die erstaunliche Eigenschaft, dass ihre Länge unendlich ist, während die darin eingeschlossene Fläche dies nicht ist.

Nachdem das Konzept der Überdeckungsdimension für jeden Objekttyp definiert wurde, und nachdem Kurven wie von Peano und Hilbert beobachtet werden, bei denen jede Sequenz eine topologische Dimension von 1 hat, die aber nichtsdestoweniger einen Bereich mit der Dimension 2 überdecken, hielten die Mathematiker es für zwingend erforderlich, einen weiteren Dimensionstyp zu definieren, der zu diesen Beobachtungen passt. Die Koch'sche Kurve ist als Beispiel gut geeignet. Dieses neue Konzept der Dimension wird als fraktale Dimension der Selbstähnlichkeit bezeichnet. Darüber hinaus erhalten wir durch eine Erweiterung auf Figuren, die selbstähnlich sind, aber nicht im strengen Sinne, eine sogenannte fraktale Dimension.

Das Konzept der Ähnlichkeit wird im folgenden Kapitel genauer erklärt. Hier wollen wir einige der wichtigsten Prinzipien nennen. Eine Struktur wird als selbstähnlich bezeichnet, wenn sie in kleinere Replikationen von sich selbst unterteilt werden kann. Diese Teile werden aus der ganzen Struktur unter Verwendung sogenannter Ähnlichkeitstransformationen erstellt. Nehmen wir beispielsweise die fertige Koch'sche Kurve und verkleinern sie auf ein Drittel, können wir drei Kopien davon verwenden, um eine weitere Koch'sche Kurve zu erzeugen. Die erste Kopie kann horizontal platziert werden, die zweite in einem Winkel von 60°, die dritte in einem Winkel von -60°, und die vierte wird mit der vorherigen horizontal verbunden.

Diese Konstruktionseigenschaft haben auch andere, konventionellere Strukturen. Beispielsweise ist es möglich, ein Geradensegment zu halbieren, es zu kopieren, die Kopien zu verbinden, sodass sich wieder das ursprüngliche Segment ergibt. Ähnliches ist mit einem Quadrat möglich. Man verkleinert es auf ein Viertel, verbindet vier Kopien und erhält wieder das ursprüngliche Quadrat. Was jedoch alle selbstähnlichen Strukturen gemeinsam haben (unabhängig davon, ob sie irregulär sind) ist eine Beziehung zwischen dem Reduktionsfaktor r (oder Skalierungsfaktor) und der Anzahl der Teile n, in die die Struktur zerlegt wird. Diese Beziehung wollen wir jetzt genauer beschreiben.

Betrachten wir wieder das Beispiel des Segments mit einem Reduktionsfaktor von $r = 1/2$. Es sind $n = 2$ Kopien erforderlich, um das Originalsegment wiederherzustellen. Ist der Reduktionsfaktor r gleich 1/3, werden $n = 3$ Kopien benötigt. Allgemein erhalten wir also $n = 1/r$. Im Fall des Quadrats werden bei einem Reduktionsfaktor $r = 1/2$ wiederum $n = 4$ Kopien benötigt, um das Originalquadrat wiederherzustellen. Und wenn der Reduktionsfaktor gleich 1/3 ist, dann werden $n = 9$ Kopien benötigt. Damit erhalten wir $n = 1/r^2$.

Machen wir dasselbe für einen Würfel mit einem Reduktionsfaktor von 1/2, werden 8 Kopien benötigt, um die Originalgröße wiederherzustellen, und bei einem Faktor von 1/3 sind es 27. In beiden Fällen haben wir $n = 1/r^3$. Der Exponent von r entspricht immer der topologischen Dimension der ursprünglichen Figur.

Berechnen wir dies jedoch für die Koch'sche Kurve, erhalten wir in der ersten Iteration $n = 4$ und $r = 1/3$. In diesem Fall ist die Beziehung nicht so offensichtlich. Aus unseren Erfahrungen im Fall des Segments und des Quadrats können wir jedoch sagen, dass das Gesetz der Potenz auch für den Fall der Koch'schen Kurve gelten muss. Wir erhalten also $4 = 3^D$, wobei D eine provisorische Messung der Dimension dieser Kurve ist. Eine einfache Methode für die Berechnung von D ist, auf beide Seiten der Gleichung den Logarithmus anzuwenden, also r, d. h. $D = \log 4/\log 3 = 1{,}2629$.

Wenn wir das für die zweite Iteration der Kurve machen, erhalten wir $16 = 9^D$, also $D = \log 4^2 \,/\, \log 3^2 = \dfrac{2 \log 4}{2 \log 3} = 1{,}2629$. Allgemein ausgedrückt, gilt das abgeleitete Gesetz für jede Iteration, sodass wir immer $D = 1{,}2629$ erhalten. Diese Zahl wird als Ähnlichkeitsdimension bezeichnet, D_s. Um sie nicht mit anderen fraktalen Dimensionen zu verwechseln, können wir sie definieren als:

$$D_s = \frac{\log n}{\log \frac{1}{r}} \; .$$

Dies ist die Relation, die wir zuvor zwischen dem Reduktionsfaktor *r* (oder Skalierungsfaktor) und der Anzahl der Teile *n*, in welche die zuvor erwähnte Struktur unterteilt wird, ermittelt haben.

Um die Definition der Ähnlichkeitsdimension zu verstehen, wenden wir sie jetzt auf mehrere mathematische Objekte an, die allgemein als „Klassiker" betrachtet werden. Lang vor der Peano-Kurve (die auch selbstähnlich ist, und deren Dimensionen wir später berechnen) gab es die Cantor-Menge. Georg Cantor ist heute vor allem für seine Arbeiten in Bezug auf die Unendlichkeit berühmt, unter anderem für seinen Beweis, dass eine reziproke eindeutige Entsprechung zwischen Punkten im Raum $\mathbb{R}^1$ und denjenigen in $\mathbb{R}^2$ gibt, wie wir zuvor angesprochen haben. Die Cantor-Menge wurde in einem 1883 veröffentlichten Artikel definiert. Sie wird aufgrund ihres Aussehens auch als Cantor-Staub bezeichnet. Die Regel für ihre Konstruktion ist extrem einfach. Wir beginnen mit dem Einheitssegment und entfernen das offene Segment zwischen 1/3 und 2/3 (d. h. wir behalten das erste und das dritte Segment). Jetzt entfernen wir die mittleren Segmente mit der Länge 1/9 von den restlichen Segmenten. Im dritten Schritt entfernen wir die mittleren Segmente mit der Länge 1/27 von den vier verbleibenden usw. Zum Schluss bleibt die Cantor-Menge:

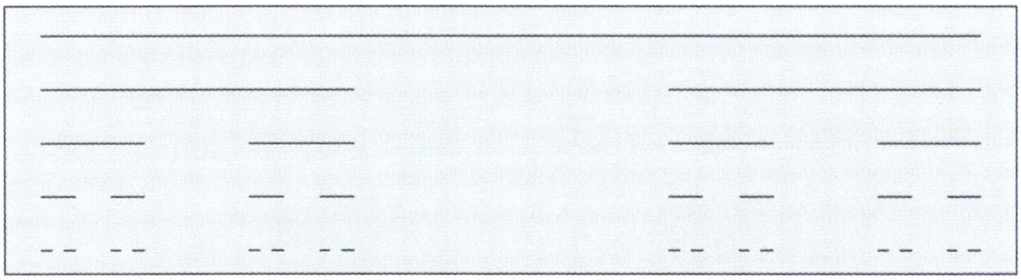

Die Menge ist extrem schwer zu visualisieren, weil sie die Tendenz hat, zu „verschwinden", aber wir können uns ihr Aussehen vorstellen, wenn wir den iterativen Prozess fortsetzen, der für ihre Konstruktion angewendet wird. Beachten Sie, dass wir genau den ersten Abschnitt auf der linken Seite erhalten, wenn wir die vollständige Cantor-Menge auf 1/3 reduzieren. Wenn wir eine Kopie dieser Reduzierung erstellen und sie 2/3 nach rechts verschieben, erhalten wir genau den rechten Abschnitt. Das bedeutet, die Cantor-Menge besteht aus zwei Abschnitten, die proportional um einen dritten Teil kleiner sind, der der gesamten Menge ähnlich ist. Wenn wir die Formel für die Ähnlichkeitsdimension anwenden, erhalten wir:

$$D_S = \frac{log\,2}{log\,3} \simeq 0{,}6309.$$

In der Cantor-Menge gibt es keine Verbindung zwischen den Punkten, damit hat sie eine topologische Dimension von 0. Ihre Ähnlichkeitsdimension ist, wie zu beobachten, größer als ihre topologische Dimension.

Für die Peano-Kurve erhalten wir gemäß der Konstruktion mit neun Segmenten $n = 9$ und einen Reduktionsfaktor von 1/3, die Ähnlichkeitsdimension ist also:

$$D_S = \frac{log\,3^2}{log\,3} = 2.$$

Erstellt man zwei Cantor-Mengen, die eine horizontal und die andere vertikal, und multipliziert sie, erhalten wir eine Struktur, die als Sierpinski-Teppich bezeichnet wird. Die vier anfänglichen Iterationen hierfür sehen wie folgt aus:

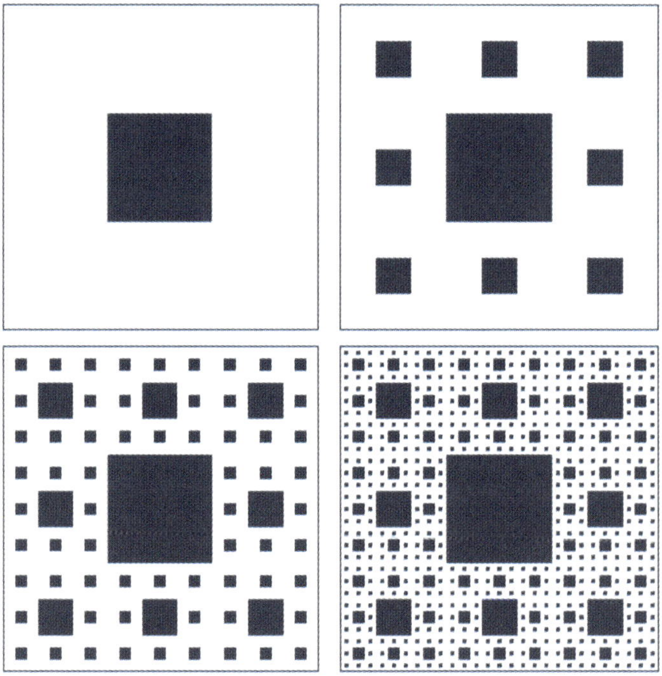

Wir können die Konstruktion des Teppichs mit einem iterativen Prozess gleichsetzen, der das mittlere Quadrat aus einer Menge von 9 entfernt. Eine alternative Methode, um den Sierpinski-Teppich zu erhalten, ist, das mittlere Segment in der Konstruktion der 9-segmentigen Peano-Kurve zu entfernen. Weil er erstellt wird, indem achtmal dasselbe Muster angewendet wird, reduziert um 1/3, ist seine Ähnlichkeitsdimension $log 8 / log 3 \simeq 1{,}8928$. Sierpinski zeigte, dass das damit erhaltene Objekt die sogenannte Universalkurve ist, d. h. die Kurve, die jede Kurve enthält, die auf der Ebene konstruiert werden kann. Wir erhalten eine unendliche Anzahl an „Teppichen", indem wir einen ähnlichen Prozess unter Verwendung von Fünfecken oder beliebigen anderen regelmäßigen Polygonen ableiten. Der bekannteste, der auf einem Dreieck basiert, wird als Sierpinski-Dreieck bezeichnet. Man erhält das Dreieck auch durch die Iteration einer Kurve, und es hat eine topologische Dimension von 1 und eine Ähnlichkeitsdimension von $log 3 / log 2 \simeq 1{,}5850$.

Die ersten Iterationen des Sierpinski-Dreiecks.

Wenn wir jetzt zu drei Dimensionen wechseln und die Konstruktion der Cantor-Menge für einen Würfel verallgemeinern, erhalten wir ein weiteres außergewöhnliches Objekt, den Menger-Schwamm, benannt nach dem österreichischen Mathematiker Karl Menger, der ihn 1926 vorstellte, als er das Konzept der topologischen Dimension erforschte. Es handelt sich um eine Universalkurve, wie wir bereits wissen, aber in drei Dimensionen. Sie haben eine Ähnlichkeitsdimension von $log 20 / log 3 \simeq 2{,}7268$, ermittelt aus 20 Würfeln, die dem vollständigen Würfel ähnlich sind, reduziert um ein Drittel.

Eine Skulptur, inspiriert vom Menger-Schwamm.

Sein dreidimensionaler Cousin, mit einer etwas kleineren Ähnlichkeitsdimension, ist der Sierpinski-Tetraeder. Man erhält ihn aus einem iterativen Prozess, wobei man den mittleren Tetraeder der fünf entfernt. Seine Ähnlichkeitsdimension ist *log* 4 / *log* 2 = 2.

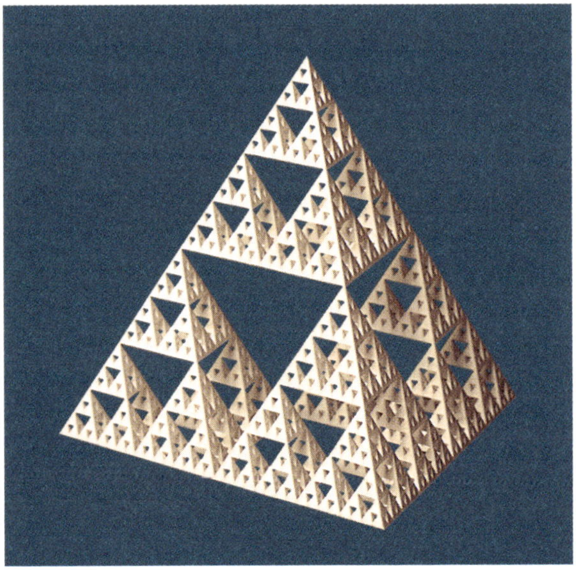

Der Sierpinski-Tetraeder.

Nachdem wir nun vertraut mit der Berechnung der Ähnlichkeitsdimension sind, wollen wir sie in Relation zu dem Exponenten setzen, den wir unter Verwendung des Gesetzes von Richardson erhalten haben, als wir versuchten, eine Küstenlinie oder Grenze zu vermessen. Angenommen, wir möchten dieses Gesetz für die Küstenlinie einer imaginären neuen Insel berechnen, die aussieht wie die Schneeflocke von Koch. Die Küste dieser Insel, nennen wir sie die „Von-Koch-Insel", besteht aus drei identischen Kurven, die jeweils in selbstähnliche Teile unterteilt sind, mit einem Reduktionsfaktor von 1/3. Damit bietet es sich an, den Zirkel für Messungen von 1/3, 1/9, 1/27 usw. zu öffnen. Jetzt messen wir eine der drei Seiten der Insel, beginnend mit einer Zirkelöffnung von 1/3. Angenommen, die Länge der Seite des Originaldreiecks ist eine Einheit, dann erhalten wir für unsere erste annähernde Messung der Küste 4/3. Wenn wir diese Prozedur jetzt mit einer Zirkelöffnung von 1/9 wiederholen, erhalten wir eine Messung von 16/9. Auf diese Weise erhalten wir schließlich für eine Zirkelöffnung von $s = 1 / 3^k$ die Länge $l = (4/3)^k$.

Jetzt stellen wir diese Messungen in einem logarithmischen Graphen dar. Wir können die Basis des Logarithmus frei wählen, deshalb wählen wir 3, um die Berechnungen zu vereinfachen, zumal der Reduktionsfaktor 1/3 ist. Die Formel für die Gerade, die wir zuvor bestimmt haben, ist $log_3\ 1 = d\ log_3\ (1/s)$. Setzen wir die berechneten Werte für eine Seite der Insel ein, stellen wir allgemein fest, dass $log_3\ (4/3)k = d\ log_3\ 3k$, womit sich der Wert von d ergibt als $d = log_3\ (4/3) = 0{,}2619$. Das bedeutet, es gibt zwei verschiedene Methoden, die Ähnlichkeitsdimension zu berechnen: Die erste basiert auf der geometrischen Beschreibung, abhängig von der Anzahl der Strukturen, die zum Ganzen ähnlich sind, und dem Reduktionsfaktor, wie wir in verschiedenen Beispielen gesehen haben. Die zweite wird mit Hilfe von Zirkelmessungen berechnet.

Es ist zu erkennen, dass die von der Richardson-Prozedur berechnete Dimension die Selbstähnlichkeitsdimension gewissermaßen verallgemeinert, indem sie 1 addiert. Auf diese Weise ist es möglich, die fraktale Dimension für Kurven zu berechnen, die nicht selbstähnlich sind, wie beispielsweise Küstenlinien oder Grenzen. Wie können wir das jedoch für Objekte berechnen, die eher wie ein Fleck oder ein echter Schwamm oder eine Wolke aussehen? In diesen Fällen ist es nicht möglich, das Zirkelverfahren anzuwenden. Die Berechnung der fraktalen Dimension eines Objekts kann eine komplizierte Angelegenheit sein. Es gibt sehr viele Fraktale, für die es noch nicht möglich war, ihre Dimension zu berechnen.

Die Definition, nach der wir suchen, wird bereitgestellt durch die Minkowski-Bouligand-Dimension, auch als Minkowski-Dimension oder Boxcounting-Dimension bezeichnet. Sie wird in der Wissenschaft sehr häufig verwendet, weil sie auf einem

Computer so einfach programmiert werden kann. Außerdem ist sie in verschiedener Weise vergleichbar mit der topologischen Überdeckungsdimension und der Definition der Selbstähnlichkeit. Wir wollen untersuchen, warum das so ist. Betrachten wir die Überdeckung eines Objekts, dessen Dimension wir berechnen wollen. Wenn das Objekt in einer Ebene liegt, können wir eine Überdeckung unter Verwendung relativ kleiner Kreise in Betracht ziehen; wenn es sich im Raum befindet, könnten wir eine Überdeckung unter Verwendung von Kugeln erzeugen. Dies erinnert uns stark an die Definition für die Überdeckung. Um allgemein über die Abschnitte einer Geraden, Scheiben in der Ebene und Kugeln im Raum sprechen zu können, sprechen wir von „Kugeln“ mit einem Radius von Epsilon (ε). Bezeichnen wir die Anzahl dieser Kugeln mit dem Radius ε als $N(\varepsilon)$. Berechnen wir den natürlichen Logarithmus für diese Menge und dividieren wir das Ergebnis durch $log(1 / \varepsilon)$, erhalten wir die Definition der Ähnlichkeitsdimension. Wir wissen, dass die Anwendung der Formel für die Ähnlichkeitsdimension auf die verschiedenen Reduktionsfaktoren immer dasselbe Ergebnis erzeugt. Für nicht selbstähnliche Objekte, für die wir uns hier interessieren, ist dies nicht der Fall. Wir definieren die Minkowski-Dimension, D_M, wie folgt:

$$D_M = \lim_{\varepsilon \to 0} \frac{log\, N(\varepsilon)}{log\left(\frac{1}{\varepsilon}\right)} .$$

DER EFFIZIENTE HANDLUNGSREISENDE

1912, kurz vor der Entdeckung des Dreiecks, das seinen Namen trägt, untersuchte Sierpinski eine raumfüllende rekursive Kurve.

Die Kurve wird heute verwendet, um eine hocheffiziente Lösung für das Problem des Weges von Handlungsreisenden zu finden, wobei es darum geht, den kürzesten Weg zwischen einer Reihe von Punkten auf der Ebene zu finden. Eine mögliche Strategie, das Problem zu lösen, besteht

Anders ausgedrückt, die Minkowski-Dimension ist gleich dem Wert des Quotienten $log\,N(\varepsilon) / log\,(1/\varepsilon)$, wobei ε gegen 0 tendiert.

Die praktische Idee hinter dieser Formel wird in der Boxcounting-Prozedur angewendet. Sie ist der Idee der Zirkel ganz ähnlich: Wir platzieren eine Form, deren Dimension wir abschätzen wollen, auf einem Raster mit der Seitenlänge ε, wobei wir den Wert dieser Variablen bei 1 mm, 1 cm oder einem anderen Wert festlegen, abhängig von der Größe der Form, und dann die kleinen Quadrate oder die kleinen Kästchen zählen, die einen Teil der Form enthalten. Jetzt ersetzen wir ε progressiv durch kleinere Messungen und zählen die entsprechenden Kästchen. Wir erstellen wie bei der Richardson-Prozedur ein *log/log*-Diagramm und kennzeichnen die Logarithmen von 1/ε auf der x-Achse und die Logarithmen von $N(\varepsilon)$ auf der y-Achse. Durch die Steigung der Geraden, welche die Punkte am besten annähert, erhalten wir D_M. Dies ist eine systematische Prozedur, die auf jede Gerade, Ebene oder räumliche Struktur angewendet werden kann.

Die Einfachheit der Boxcounting-Prozedur macht sie extrem interessant, aber dennoch fehlen der Minkowski-Dimension bestimmte Eigenschaften, die aus theoretischer Perspektive wünschenswert wären. Der deutsche Mathematiker Felix Hausdorff (1868-1942) von der Universität Bonn widmete sich der Untersuchung der Messtheorie und

darin, die Punkte in derselben Reihenfolge zu besuchen, wie sie in der Sierpinski-Kurve liegen. Als erstes muss diese Kurve gezeichnet werden, und zwar so, dass sie alle Punkte abdeckt, die besucht werden sollen. Ist dies nicht möglich, kann eine höhere Iteration der Kurve probiert werden. Nachdem eine Sierpinski-Kurve gefunden wurde, die alle Punkte durchläuft, muss nur noch ihr Pfad verfolgt werden, ausgehend von einem der Punkte, und alle weiteren Punkte in der Reihenfolge zu besuchen, in der sie auf der Kurve liegen. Beispielsweise wird dieses Konzept verwendet, um die Handelsrouten für Post- oder Paketlieferer zu erstellen. Außerdem wird damit der Pfad eines Plotter-Stifts minimiert, wenn er Landkarten zeichnen soll.

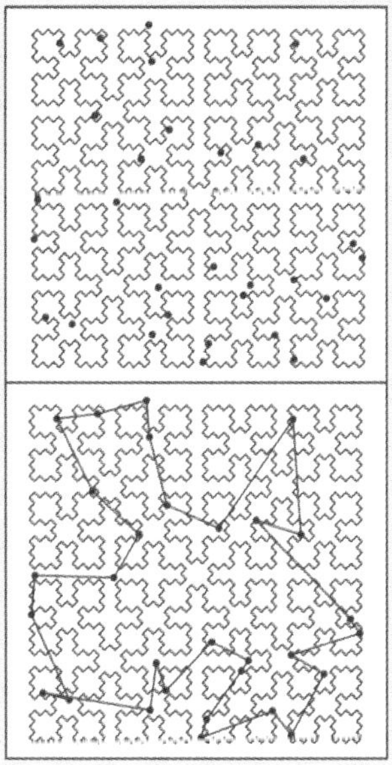

schlug eine neue Definition der Dimension vor, die zwar nicht für die Praxis geeignet war, aber dennoch große theoretische Bedeutung hat, und die gelegentlich für den Vergleich von Messungen bestimmter ungleicher Mengen verwendet wird, die dieselbe Minkowski-Dimension haben. Im Allgemeinen ist die Hausdorff-Dimension einer Struktur kleiner oder gleich der unteren Minkowski-Dimension.

Die Drachenkurve

Jetzt betrachten wir eine letzte und überraschende Kurve – die sogenannte Drachenkurve. Sie wurde zunächst 1960 von drei Physikern bei der NASA untersucht, Heighway, Banks und Harter, und später von Martin Gardner in seiner Kolumne über mathematische Besonderheiten im Magazin *Scientific American* berühmt gemacht. Die Tatsache, dass ihre Konstruktion so einfach ist und ihre Eigenschaften so faszinierend sind, hat zahlreiche Studien in unterschiedlichsten Bereichen der Mathematik inspiriert. Laut Garner hat Heighway sie konstruiert, indem er ein Blatt Papier wie in der folgenden Abbildung gezeigt faltete. Wir falten immer ein Tal (oder ein „V"), und je mehr Faltungen wir machen, desto näher gelangen wir an die Drachenkurve, wenn wir später die Faltung so rückgängig machen, dass alle Knicke im rechten Winkel zueinanderstehen.

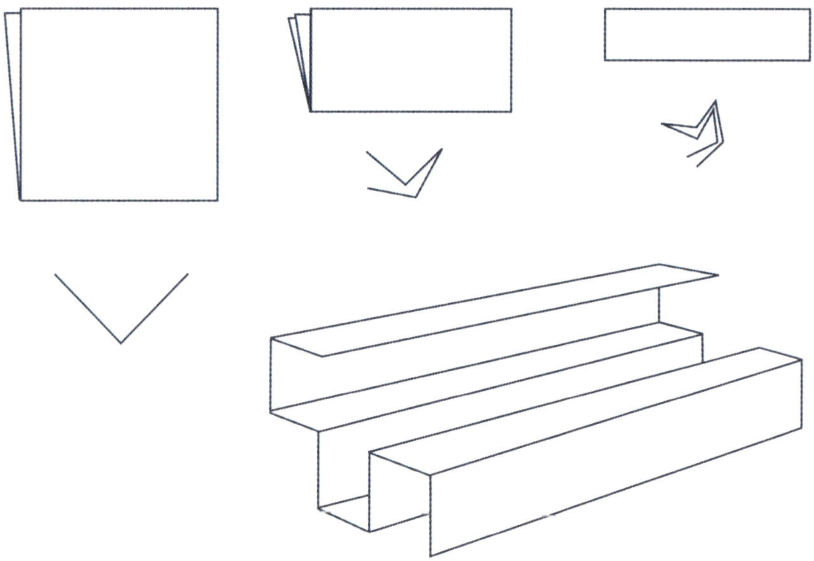

Erste Iterationen der Drachenkurve. (Quelle: Maria Isabel Binimelis.)

DER LEVY-DRACHE

Es gibt zwei Möglichkeiten, ein Blatt Papier zu falten: zu einem „Tal" oder zu einem „Berg". Die Drachenkurve wird immer zu einem Tal gefaltet. Die Kombination der beiden Faltungsarten jedoch kann radikale Änderungen im Aussehen der Kurve bewirken. Es gibt im Wesentlichen 16 verschiedene Arten, Drachenkurven zu erstellen, obwohl nur fünf davon wirklich relevant sind. Eine davon ist die sogenannte Levy-Kurve, auch als Levy-Drache oder C-Kurve bezeichnet. Der erste Schritt, sie zu erstellen, basiert auf einem entlang der Diagonalen auseinandergeschnittenen Quadrat. Bei Verwendung dieses Halbquadrats erhalten wir die Levy-Kurve.

Die Hausdorff-Dimension der Levy-Kurve ist 2, also raumfüllend; wir erkennen jedoch, dass der Bereich der Ebene, den sie belegt, nicht quadratisch ist, wie es im Fall von Peano- und Hilbert-Kurven der Fall ist. Stattdessen hat ihre Form einen unregelmäßigen Umriss. Die faszinierende Eigenschaft ist, dass dieser Umfang eine Dimension von annähernd 1,9340 hat.

FRAKTALE UND MEDIZIN

Schon seit langem beschäftigen sich Physiologen und Ärzte mit den Möglichkeiten der chaotischen Dynamik in ihrer Forschung, und langjährige Prinzipien werden hinterfragt. Ursprünglich war man der Meinung, dass viele Krankheiten aufgrund von Belastungen entstehen, die die „Ordnung" des Organismus verringern und fehlerhafte Reaktionen hervorrufen oder die regelmäßigen Rhythmen verändern, die als normal betrachtet werden. In den vergangenen Jahren wurde jedoch entdeckt, dass das Herz und andere Körpersysteme sich völlig fehlerhaft verhalten können, wenn sie jung und gesund sind, und entgegen unserer Erwartungen Alter und Krankheit eine zunehmende Regelmäßigkeit mit sich bringen.

Der menschliche Körper enthält zahlreiche Strukturen mit fraktalen Formen, im Nervensystem ebenso wie in den Blutgefäßen oder anderen Leiterbahnen. Die Art dieser Strukturen scheint vielfältig, aber sie haben alle gemeinsame physiologische Eigenschaften. Eine fraktale Verzweigung und Faltung vergrößert die Fläche von Bereichen für Absorption (wie beispielsweise im Darm), Verteilung und Sammlung (Blutgefäße, Gallenwege und Bronchialgefäße) und Informationsverarbeitung (Nerven) ganz wesentlich. Fraktale Strukturen sind nicht zuletzt aufgrund ihrer Redundanz und Unregelmäßigkeit robust und widerstandsfähig. Das Herz beispielsweise kann weiter pumpen, auch wenn das System für die Übertragung der kardialen elektrischen Impulse ernsthaft beschädigt wurde.

Hört man dem Herzschlag zu, scheint der Rhythmus regelmäßig zu sein. Wenn sich ein Mensch im Ruhezustand befindet, ist die Intensität seines Pulses und das Intervall zwischen den Schlägen offenbar regelmäßig. Eine detaillierte Analyse zeigt jedoch, dass der Herzrhythmus eines gesunden Menschen selbst im Ruhezustand deutliche Schwankungen aufweist. Über den Tag grafisch aufgezeichnet sieht diese Zeitfolge zerklüftet, unregelmäßig und auf den ersten Blick völlig zufällig aus. In einer anderen Zeitskala erkennt man jedoch die Entwicklung einer Selbstähnlichkeit.

Die beiden folgenden Graphenreihen vergleichen verschiedene Messungen der Herzaktivität einer kranken (obere Reihe) und einer gesunden (untere Reihe) Person. Die Graphen der kranken Person zeigen wenige Schwankungen. Der Graph auf der rechten Seite vergleicht die Herzfrequenz zu einem bestimmten Zeitpunkt und diejenige, die einer bestimmten Zeitverzö-

Der amerikanische Autor Michael Crichton verwendete die Drachenkurve in seinem Roman *Jurassic Park* auf rätselhafte und suggestive Weise. Jedes Kapitel des Romans hat als Überschrift eine Zeichnung der entsprechenden Iteration der Kurve, gefolgt von einem kurzen Kommentar von Ian Malcolm, einem der Charaktere des Romans, von

gerung entspricht. Für die kranke Person liegen die verschiedenen Punkte eng zusammen in einem kleinen Bereich. Die Graphen und Messungen für die gesunde Person dagegen weisen ein sehr schwankendes Aussehen mit einem großen Wertespektrum auf. Paradoxerweise sind es die gesunden Systeme, die ein chaotisches Verhalten aufweisen.

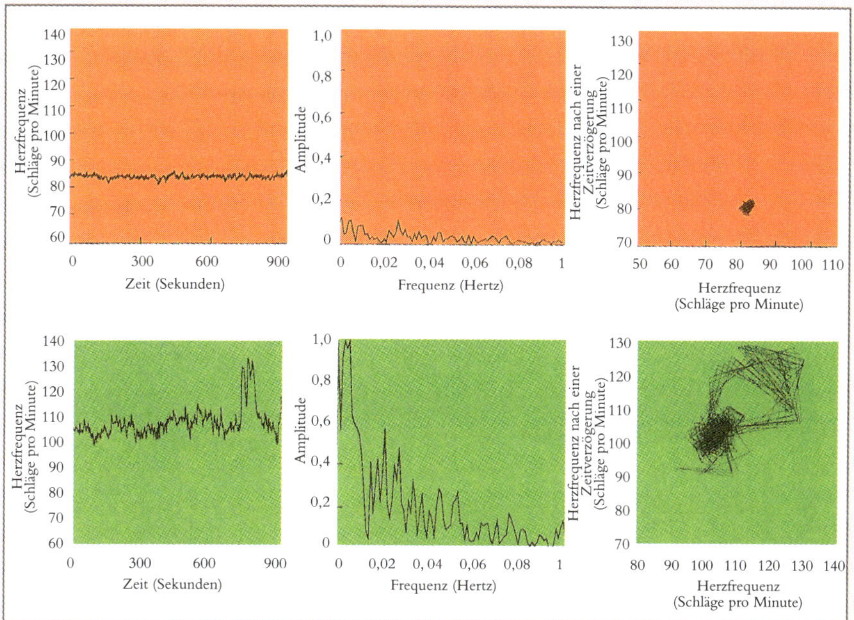

Warum weisen die Herzfrequenz und andere vom Nervensystem kontrollierte Systeme eine chaotische Dynamik auf? Diese Dynamik kann zahlreiche funktionale Vorteile in sich tragen. Chaotische Systeme können unter vielfältigeren Bedingungen funktionieren und sind damit anpassungsfähig und flexibel. Diese Flexibilität gestattet, dass sich Systeme an die Anforderungen einer veränderlichen und unvorhersehbaren Umgebung anpassen.

Beruf Mathematiker und Spezialist für Chaostheorie. In der Geschichte geht es darum, dass Dinosaurier unter Verwendung ihrer DNA geklont werden, und Crichton verwendet die Drachenkurve als visuelle Metapher für die Komplexität und Instabilität dieses Prozesses.

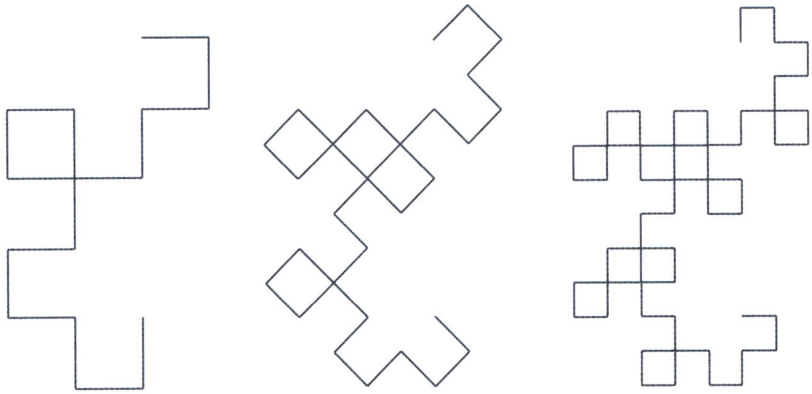

Die Drachenkurve, wie sie in den Überschriften der Kapitel von Jurassic Park *zu sehen ist.*

Die Kurve hat einen irregulären Umriss, passt sich aber perfekt in den Umriss anderer Drachenkurven ein, sodass sie verwendet werden können, um die Ebene mosaikartig zu füllen. Wie wir oben gesehen haben, gibt es 16 verschiedene Möglichkeiten, Drachenkurven zu erstellen, aber nur fünf davon sind „relevant".

1958 begann Mandelbrot, an den IBM Laboratories zu arbeiten, um Rauschen und elektrische Störungen zu untersuchen, und fand ein verborgenes Muster im Verhalten von Rauschen, nämlich Schwankungstypen, die wiederholt in unterschiedlichen Beobachtungsmaßstäben auftraten. Er bezeichnete dieses Phänomen als die „Hierarchie der Schwankungen in allen Maßstäben". Die wiederholten Muster waren streng genommen nicht genau gleich, sondern vielmehr statistisch ähnlich.

Dennoch konnten die Schwankungen nicht mit der bekannten statistischen Mathematik beschrieben werden. Statt das Phänomen zu untersuchen, begann er, über andere Systeme nachzudenken, in denen es möglicherweise ähnliche Muster gäbe, die sich auf dieselbe Weise verhalten und nicht unter Verwendung statistischer Mathematik präzise beschrieben werden können. Dies führte dazu, dass er Beobachtungsmethoden basierend auf der Selbstähnlichkeit vorschlug und schließlich die Fraktale entdeckte. Mandelbrot beobachtete, dass diese Methoden ein extrem leistungsfähiges Werkzeug für die Untersuchung von Phänomenen waren, die vom Zufall abhängig sind, und dies in den unterschiedlichsten Bereichen, wie beispielsweise Geostatistik, Ökonomie, Physik und Medizin.

In diesem Kapitel haben wir gesehen, dass die Ideen für das Konzept der Fraktale schon lange vor ihrer Namensgebung durch Mandelbrot in den Köpfen einiger revolutionärer Mathematiker vorhanden waren. Die Welt, wie sie die euklidische Geometrie beschreibt, ist auf Würfel, Kegel und Kugeln beschränkt, konstruiert mit Geraden, Ebenen und Kreisen. Weierstrass, Cantor, Poincaré, Peano, Hilbert, Koch, Sierpinski und Hausdorff haben einen Schritt weitergedacht und eine völlig neue und faszinierende Welt entdeckt, die aus Texturen, Verästelungen und Sprüngen in der Definition ihrer zahlreichen und komplexen Objekte besteht.

Die bei dieser Reise gesammelten Formen wichen von den konventionellen Beschreibungen ab und wurden häufig als mathematische Monster, pathologische Gleichungen und sogar eine „bejammernswerte Funktionsplage" abgetan. Die Arbeiten dieser Nonkonformisten haben jedoch die Mathematik unermesslich bereichert.

Kapitel 3

Dalmatiner und Drachen: Lineare Fraktale

Mutter Natur hat keine Geometrievorlesungen besucht und keine Bücher von Euklid von Alexandria gelesen. Ihre Geometrie ist zerklüftet, aber mit einer eigenen Logik, die ganz einfach zu verstehen ist.
Nassim Nicholas Taleb, *The Black Swan*

Sowohl bei Escher als auch in anderen, vergleichbaren Arbeiten haben wir gesehen, dass durch die Konzepte der Selbstähnlichkeit und Rekursion Objekte entstehen können, die aufgrund ihrer Annäherung an die Vorstellung der Unendlichkeit unseren Verstand auf die Probe stellen und uns eine ganz und gar atemberaubende Unendlichkeit näherbringen. Jetzt werden wir schrittweise zeigen, wie die Grundlagen für eine neue Geometrie geschaffen wurden, basierend auf dem Konzept der Selbstähnlichkeit und dem Prinzip der Stetigkeit (das von Leibniz eingeführt wurde). In der Mathematik hat sich der Begriff im Lauf der Zeit geändert. Er ist spezifischer geworden und es wurden ihm verschiedene Definitionen zugeordnet, bis eine präzise Darstellung erzielt wurde. Die Bedeutung des Konzepts der Stetigkeit in der Evolution der Mathematik wird durch die einfache Tatsache deutlich, dass es eines der am häufigsten untersuchten Konzepte ist.

Allgemein geht man davon aus, dass Raum und Zeit stetig sind, und einige Philosophen bestätigen, dass alle natürlichen Prozesse stetig stattfinden. Der berühmte Aphorismus von Leibniz sagt dazu: *Natura non facit saltus* (Die Natur macht keine Sprünge). Bildhaft gesprochen, bedeutet Stetigkeit „ununterbrochen, ohne Trennungen". In der Mathematik, einer sehr präzisen Disziplin, hatte die genaue Definition von „stetig" eine turbulente und wechselhafte Geschichte. Lange Zeit war die Definition einer Funktion ebenfalls mit dem Konzept der Stetigkeit verknüpft[1].

1 Lobatschewski definierte 1838: „Eine Funktion von x ist eine Zahl, die für jedes x gegeben ist und sich fortschreitend mit x ändert. Der Wert der Funktion kann gegeben sein entweder durch einen analytischen Ausdruck oder durch eine Bedingung, welche ein Mittel bietet, alle Zahlen zu prüfen und eine davon auszuwählen, doch letztendlich könnte die Abhängigkeit bestehen, aber unbekannt bleiben."

Man kann schwerlich beschreiben, wie eine Aussage äquivalent zu derjenigen von Leibniz unter Verwendung aktueller mathematischer Terminologie formuliert werden kann. Ende des 18. Jahrhunderts sagte man, wenn eine Funktion stetig ist, dann führen unendlich kleine Änderungen am vorgegebenen Wert zu unendlich kleinen Änderungen am Wert der Funktion. Mit dem Wegfall dieser Infinitesimale im nächsten Jahrhundert[2] wurde diese Definition durch eine andere ersetzt, die das präzisere Konzept eines Grenzwerts verwendete.

Beispielsweise zu sagen, eine Funktion hat keine Sprünge, ist mathematisch betrachtet unpräzise. In einem ersten Versuch, sich einer korrekten Formulierung anzunähern, kann man sagen, dass der Graph dieser Funktion zusammenhängend sein muss (d. h. er kann nicht in zwei offene Mengen unterteilt werden, die sich nicht schneiden). Wenn wir jedoch noch genauer sein wollen, ist nicht klar, ob wir vielleicht sagen sollten, dass sie stattdessen bogenweise zusammenhängend[3] ist (Vereinigungsmenge durch Kurvenbögen).

Heute sind die Konzepte von Funktionen, Stetigkeit und Differenzierbarkeit präzise definiert und bilden einen wichtigen Teil der Schulmathematik. Eine Funktion heißt heute stetig in einem bestimmten Punkt, wenn ihre einseitigen Grenzwerte mit ihrem Wert an diesem Punkt übereinstimmen[4]. Betrachtet man jedoch das Verhalten von Funktionen, ist es häufig nicht ausreichend zu wissen, dass sie stetig sind. Es kann auch sein, dass andere Eigenschaften benötigt werden, die sie aus mathematischer Perspektive interessanter machen. Eine solche Eigenschaft ist die gleichmäßige Stetigkeit. Allgemein ausgedrückt, bedeutet dies, dass kleine Änderungen des Eingabewerts kleine Änderungen am Funktionswert verursachen, und darüber hinaus, dass die Größe der Änderungen des Ausgabewerts allein von der Größe der Änderung der Eingabewerte abhängig ist, und nicht vom Wert von x (daher auch das Adjektiv „gleichmäßig"). Alle gleichmäßig stetigen Funktionen sind stetig, das Gegenteil ist nicht der Fall. Betrachten Sie beispielsweise die Funktion $f(x) = 1/x$ im Bereich der realen Zahlen. Die Funktion ist stetig, aber nicht gleichmäßig stetig, denn wenn x gegen 0 geht, wachsen die Änderungen im Wert von $f(x)$ ohne Grenzwert an. Neben der Gleichmäßigkeit gibt es noch sehr viele weitere Eigenschaften von stetigen Funktionen, wie beispielsweise absolute Stetigkeit, eine Eigenschaft der Glätte, die strenger als die gleichmäßige Stetigkeit ist.

2 In modernen Theorien wie der nicht-standardmäßigen Analysis wird dieser Name mit einer neuen Bedeutung wiederverwendet.

3 Jede bogenweise verbundene Menge ist verbunden, obwohl das Gegenteil nicht zutrifft.

4 Diese Definition ist äquivalent mit der sogenannten „Cauchy-Weierstrass-Definition der Stetigkeit" oder der „Epsilon-Delta-Definition".

Der tschechische Mathematiker Bernhard Bolzano (1781-1848) hatte bereits eine strenge Formulierung des Konzepts der Stetigkeit gefunden, aber seine Arbeit blieb viele Jahre unbeachtet. Stattdessen hat der Franzose Augustin Louis Cauchy (1789-1857) eine Idee entwickelt, die den Meilenstein des modernen Konzepts der Stetigkeit bildet – und die im Wesentlichen identisch mit der von Bolzano ist. Cauchy beschrieb die Stetigkeit einer Funktion unter Verwendung des Konzepts des Grenzwerts. Für Cauchy ist eine Funktion *f* stetig für *a*, wenn gilt:

$$\lim_{x \to a} f(x) = f(a).$$

Die Ableitung der Funktion an einem bestimmten Punkt ist gleich dem Wert der Tangente an der Kurve dieser Funktion in diesem Punkt und bildet einen wesentlichen Teil der Analysis, gemeinsam erfunden von Newton und Leibniz. Das Konzept der Differenzierbarkeit ist intuitiv. Wenn ein bestimmter „Punkt" auf der Kurve keine eindeutige Tangente hat, ist die Kurve an diesem Punkt nicht differenzierbar. Zu Beginn des 19. Jahrhunderts waren die meisten Mathematiker davon überzeugt, dass eine stetige Funktion eine Ableitung für fast alle ihre Punkte hat – dass also die Tangente wohldefiniert war. Mit einer Vorlesung an der Berliner Akademie verursachte Karl Weierstraß 1872 Aufregung in der Mathematikgemeinde, indem er eine stetige Funktion zeigte, die an keinem Punkt differenzierbar war. Die betreffende Funktion ist als unendliche Summe sinusförmiger Funktionen definiert und von zwei variablen Parametern *a* und *b* abhängig:

$$\sigma(x) = \sum_{n=0}^{\infty} (a^n \cos(b^n \pi x)).$$

Wenn *a* zwischen 0 und 1 liegt, ist die Reihe stetig. Weierstrass bewies jedoch, dass sie an keinem Punkt differenzierbar ist, wenn *b* eine ungerade ganze Zahl ist und $ab > 1 + 3\pi / 2$. Kurz danach bewies der englische Mathematiker G. H. Hardy, dass es ausreichend ist, $ab > 1$ und $b > 1$ zu haben.

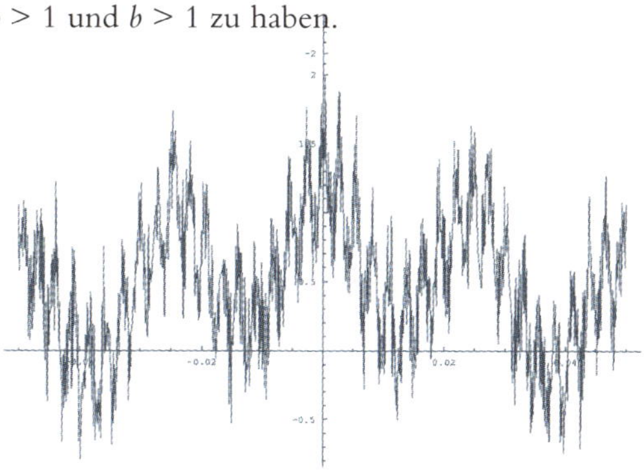

Eine grafische Darstellung der Weierstrass-Funktion für a = *0,7 und* b = *9.*

Weierstrass erwähnte in seinen Schriften Riemann, der offenbar 1861 eine vergleichbare Konstruktion verwendet hatte, die jedoch nicht veröffentlicht worden war. Der Ausdruck von Riemann ist ebenfalls eine Summe sinusförmiger Funktionen, jedoch ohne Parameter, und die Indexvariable n ist anders angeordnet:

$$f(x)=\sum_{n=1}^{\infty}\frac{\sin(n^2\pi x)}{n^2}.$$

Der Graph einer solchen Funktion ist schwer vorstellbar. Die folgende Abbildung zeigt die Funktion von Riemann neben dem Aktienpreis einer Bank über den Zeitraum eines Jahres. Dieses Beispiel zeigt, wie gut eine solche Kurve geeignet ist, reale Phänomene zu beschreiben.

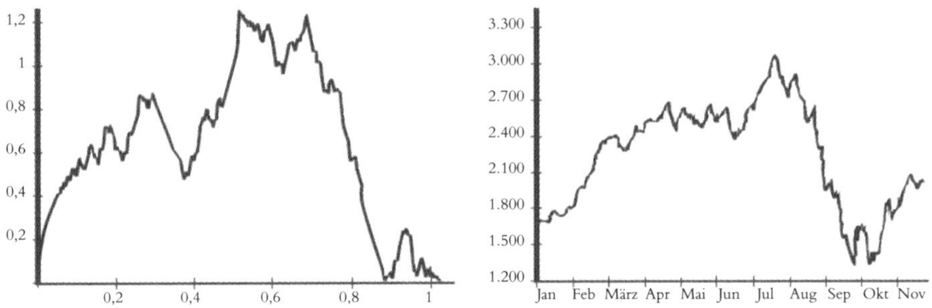

Das erste bekannte Beispiel einer Funktion dieses Typs entstammt nicht der Arbeit von Weierstrass, sondern des zuvor erwähnten Bolzano, der bereits 1830 eine stetige Funktion zeigte, die an fast allen ihren Punkten nicht differenzierbar war. Der Verlust des Manuskripts verzögerte die Veröffentlichung bis nach dem Ersten Weltkrieg, als es von dem tschechischen Mathematiker M. Jasek in der Nationalbibliothek von Wien gefunden wurde. In seiner Arbeit bewies Bolzano, dass die Funktion nicht differenzierbar war, außer für eine Menge mit dem Maß 0. Später wurde gezeigt, dass dies für alle Punkte gilt.

Im Gegensatz zu den analytischen Definitionen nicht differenzierbarer Funktionen, die wir bereits gezeigt haben, wird die Bolzano-Funktion als Grenzwert einer Sequenz polygoner Funktionen $B_1(x)$, $B_2(x)$, $B_3(x)$… konstruiert. Die beiden ersten sind in den folgenden Graphen gezeigt.

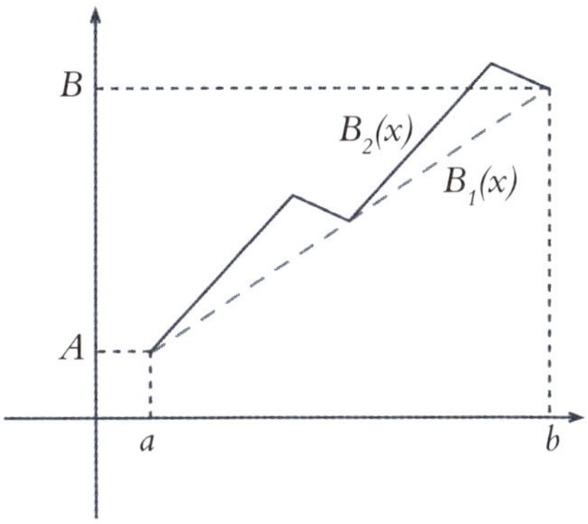

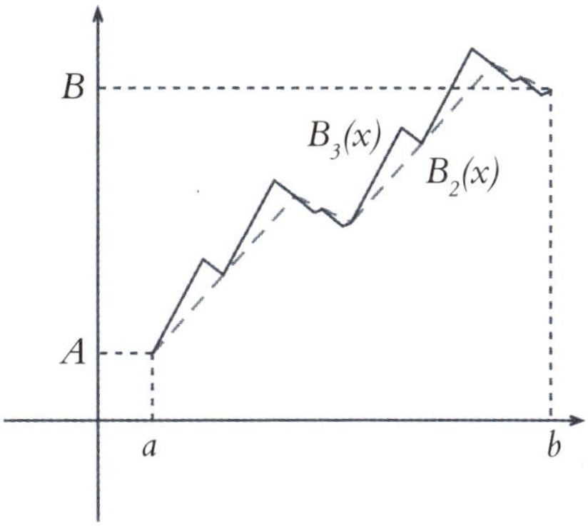

Quelle: Maria Isabel Binimelis.

Nach Weierstrass vermehrten sich die Beispiele für stetige nicht differenzierbare Funktionen in rasender Geschwindigkeit. Was zunächst ungewöhnlich schien, wurde schließlich ganz gewöhnlich. Heute weiß man übrigens, dass stetige Funktionen, die auch differenzierbar sind, relativ selten sind.

Pudding und Zelte

1903 zeigte Teiji Takagi (1875-1960) ein einfacheres Beispiel einer stetigen Funktion als Weierstrass, die an keiner Stelle differenzierbar war. Seine analytische Definition ist sehr ähnlich. Im Hinblick auf seine grafische Darstellung wird der Kosinus im Wesentlichen durch eine „Zelt"-Funktion ersetzt, ein umgekehrtes V, wie im folgenden Graphen gezeigt:

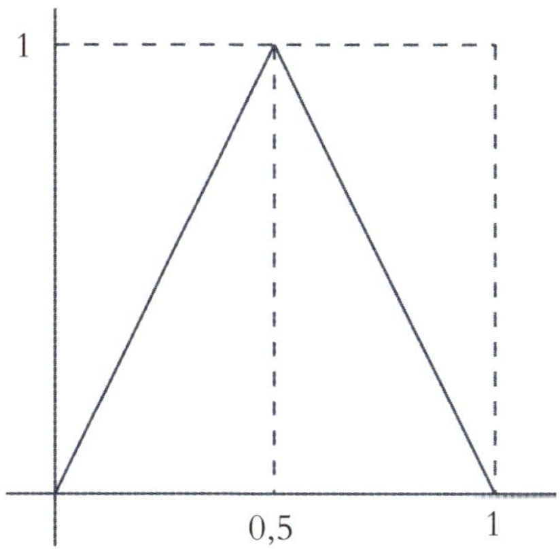

Die Funktion von Takagi kann genau wie diejenige von Bolzano als Grenzwert einer Reihe von Polygonfunktionen konstruiert werden. Der Prozess, nach dem jede davon basierend auf der vorhergehenden konstruiert wird, wird auch als „Verschiebung des Mittelpunkts" bezeichnet und wurde von Archimedes für seine Berechnung der Fläche zwischen dem Bogen einer Parabel und seiner Sehne verwendet. In der nachfolgenden Abbildung sehen wir das Ergebnis der verschiedenen Konstruktionsschritte, die mit zunehmend feineren Linien dargestellt sind.

Zunächst erstellen wir zwei Kopien der Zeltkurve. Wir verschieben den Mittelpunkt der ersten Kopie (die Spitze des „Zelts") nach links, sodass er sich an der Stelle (1/4, 1) befindet, und dann die Enden an die Stellen (0, 0) und (1/2, 1). Dasselbe machen wir mit der zweiten Kopie, verschieben aber ihren Mittelpunkt nach (3/3, 1) und die Enden an die Stellen (1/2, 1) und (1, 0). Die resultierende Polygonfigur bildet die zweite Phase der Konstruktion. Um die dritte Phase zu zeichnen, gehen wir ganz analog vor. Das Ganze wiederholen wir unendlich oft. Der Grenzwert ist die Kurve, die die Zeichnung krönt.

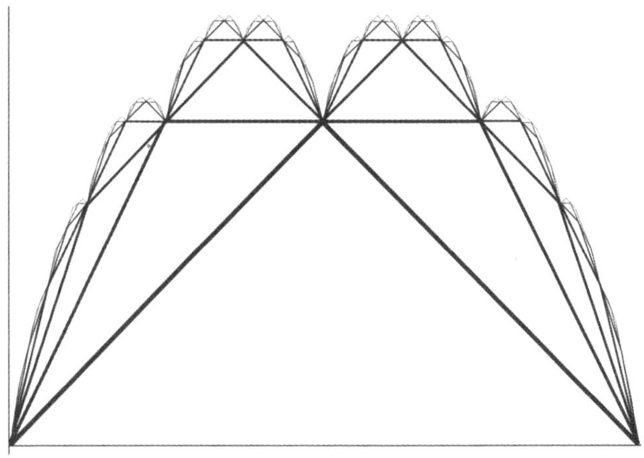

Diese Kurve wird auch als Puddingkurve bezeichnet, weil ihr Aussehen an diesen Nachtisch erinnert.

Wenn dieser Prozess in drei Dimensionen durchgeführt wird und zufällige Verschiebungen verwendet werden, entstehen künstliche Bilder natürlich aussehender Landschaften. Beispielsweise wurde diese Prozedur verwendet, um die Alien-Landschaften in großen Blockbustern zu erzeugen, wie etwa *Star Trek II: Der Zorn des Khan* (Nicholas Meyer, 1982) und das Äußere des unvollständigen Todessterns in *Die Rückkehr der Jedi-Ritter* (George Lucas, 1983).

Die Teufelstreppe

1884 beschrieb Georg Cantor in seiner Studie „Über die Eigenschaften perfekter Punktemengen" eine extrem seltsame Funktion für das Einheitsquadrat. Die Funktion ist stetig, zunehmend und es gibt an fast keinem ihrer Punkte eine Ableitung. Sie führt von 0 bis 1 nach oben, ohne die Stetigkeit zu verlieren (d. h. sie hat keine Sprünge), immer horizontal. Ihre Länge ist gleich 2. Darüber hinaus ist die Kurve im strengen Sinne selbstähnlich: Der von der x-Achse begrenzte Teil kann in sechs gleiche Kopien unterteilt werden, die auch dieselbe Form wie die Gesamtfläche haben, nur kleiner, mit einem horizontalen Reduktionsfaktor von 1/3 und einem vertikalen von 1/2. Aufgrund dieser rätselhaften Eigenschaften und ihrer Form, die aussieht wie eine Treppe, hat sie den Namen „Teufelstreppe" erhalten. Andere Treppen haben diesen Namen ebenfalls erhalten, aber zu dieser passt er am besten und scheint für sie zum ersten Mal verwendet worden zu sein.

Die Teufelstreppe wird unter Verwendung der folgenden Iteration erstellt. Man geht von der Diagonale eines Quadrats aus. Im mittleren Drittel der x-Achse heben wir ein Segment auf eine Höhe von 1/2 an, wie in der Zeichnung gezeigt. Im zweiten Schritt gehen wir vergleichbar vor, senken jetzt aber die Diagonale auf eine Höhe von 1/2 ab. Die nachfolgende Abbildung zeigt die beiden ersten Iterationen. Wenn wir den Algorithmus unendlich oft anwenden, erhalten wir die Treppe.

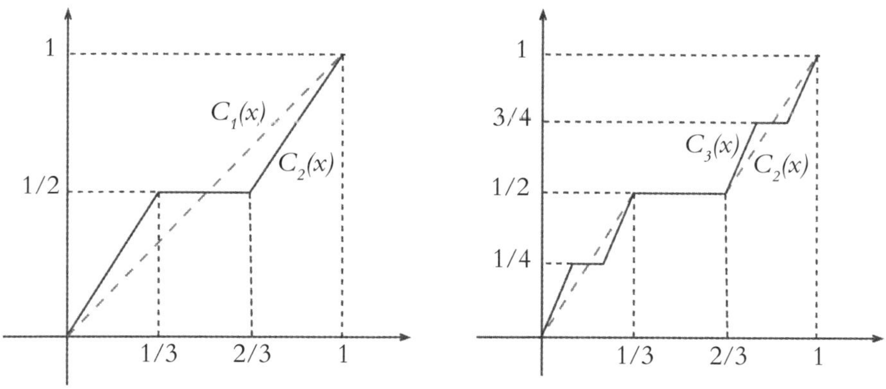

Erste Iterationen der Teufelstreppe. (Quelle: Maria Isabel Binimelis.)

Die Teufelstreppe ist nicht nur eine mathematische Konstruktion mit interessanten Eigenschaften, ihre Form kann auch für die Beschreibung vieler physischer Systeme verwendet werden.

DIABOLISCHE LINSEN

Im Gegensatz dazu, was bei konventionellen oder lichtbrechenden Linsen passiert, fokussieren beugende Linsen das Licht aufgrund der Strahlenbeugung. Dieses Phänomen tritt auf, wenn Licht auf die physische Struktur der Linse in der Form konzentrischer Ringe mit unterschiedlichen Dicken und/oder Durchlässigkeiten trifft. Es gibt neue beugende Linsen, auch als „Teufelslinsen" bezeichnet, die dem Benutzer Vorteile bieten wie beispielsweise eine zunehmende Tiefe des Fokus und eine reduzierte chromatische Abweichung. Trotz ihres diabolischen Namens bestätigen die Erfinder, dass es nichts Böses oder Okkultes mit dieser Entdeckung auf sich hat, noch nicht einmal annähernd: „Der Grund für diesen auffälligen Namen hat mit dem Profil der Linsen zu tun, die in Übereinstimmung mit einer fraktalen Struktur entwickelt wurden, die in der Mathematik auch als Teufelstreppe bezeichnet wird." Die Linsen haben die Eigenschaft, dass sie intrinsisch multifokal sind (mit vielen Fokuspunkten zwischen ihnen), sodass die Verteilung der Intensität eine fraktale Struktur darstellt. Die Multifokalität einer Linse ermöglicht, dass die Fokuspunkte, die unterschiedlichen Wellenlängen eines Bildes entsprechen, sich in einem höheren Ausmaß überlagern und damit ein schärferes Endergebnis erzielen. Genau diese Eigenschaft der Multifokalität ermöglicht, die Tiefe des Feldes zu erhöhen, statt den Bereich des Raums zu vergrößern, in dem ein Bild akzeptabler Schärfe erzielt wird.

Die Fotos zeigen zwei brechende Linsen unter einem Mikroskop. Man erkennt ihre Struktur, die sich aus vielen verschiedenen konzentrischen Ringen zusammensetzt. Ihr Design basiert auf einer fraktalen Struktur. Multifokale Linsen dieser Art werden verwendet, um Altersweitsichtigkeit zu korrigieren. Mit der intraokularen Version wird bei grauem Star die kristalline Linse ersetzt.

Was haben Staub, Schneeflocken und Schwämme gemeinsam?

Die einfachsten Transformationen, die für ein Objekt auf einer Ebene durchgeführt werden können, sind die sogenannten „Ähnlichkeitstransformationen". Wie der Name schon sagt, wird das Objekt in ein anderes, ähnliches Objekt umgewandelt, d. h. seine Form ändert sich nicht, sehr wohl aber seine Position, Größe und Ausrichtung. Translationen, Dilatationen, Reduktionen, Drehungen und Reflektionen sind Beispiele für Ähnlichkeitstransformationen.

Wir können beispielsweise sagen, dass die Koch'sche Kurve, die im vorigen Kapitel beschrieben wurde, selbstähnlich ist, weil sie aus mehreren Abschnitten besteht, die dem Ganzen ähnlich sind, insbesondere 4. Der erste Abschnitt links in der Kurve wird erzeugt, indem einfach die ganze Kurve um ein Drittel reduziert und das linke Ende links vom Ganzen platziert wird.

Der zweite Abschnitt wird erzeugt, indem die ganze Kurve um ein Drittel reduziert wird, jetzt jedoch um 60° gegen die Horizontale gedreht und das linke Ende rechts neben dem ersten Segment platziert wird. Für diesen Prozess haben wir Translationen, Reduktionen und Drehungen verwendet – alles Ähnlichkeitstransformationen.

Auf ähnliche Weise können wir mit dem Sierpinski-Dreieck verfahren. Hier brauchen wir jedoch nicht einmal eine Drehung. Wir wenden eine Translation an und reduzieren um ein Drittel. Dasselbe gilt für die Cantor-Menge, den Sierpinski-Teppich, den Menger-Schwamm und sogar für die Drachenkurve.

Wenn wir neben der Rotation und der Herstellung von Symmetrien zwei neue Transformationen hinzufügen, eine, um die Breite und die Höhe einer Form in unterschiedlichen Proportionen zu deformieren, und eine weitere, die uns gestattet, die Koordinatenachsen um unterschiedliche Winkel zu drehen, erhalten wir die Menge der planaren affinen Transformationen.

Die erste Transformation wandelt ein Quadrat in ein Rechteck um. Die zweite, häufig als Scherung bezeichnet, wandelt ein Quadrat in eine Raute um. Die fraktalen Strukturen, die mit affinen Transformationen erzielt werden können, werden als selbstaffin bezeichnet. Zu den Fraktalen dieses Typs gehört der bekannte Barnsley-Farn, der dem Briten Michael Barnsley zugeordnet wird, und der sich selbst wiederholt reproduziert. Er entsteht aus vier affinen Transformationen, von denen eine darin besteht, die Breite auf 0 zu komprimieren (woraus sich der Stamm ergibt), während es sich bei der anderen um eine Schertransformation handelt (Zuschneiden des Bildes), woraus sich die Verästelungen ergeben.

Der Barnsley-Farn und seine verschiedenen affinen Transformationen.

Diese Transformationen können genutzt werden, um einen Bereich unterschiedlicher Fraktale zu konstruieren, die allgemein als lineare Fraktale oder IFS (iteriertes Funktionensystem) bezeichnet werden. Die Systeme entstehen, indem eine Reihe von Transformationen auf eine Menge angewendet wird. Gemäß der Formulierung in dem berühmten Buch *Fraktale* von Barnsley bestehen IFS aus einem System iterativer Funktionen. Eine als „Attraktor" bezeichnete Form entsteht aus der Iteration der Transformationen. Dies ist die Form, zu der das Fraktal tendiert, wenn das Transformationssystem ausreichend oft iteriert wurde. Es scheint überraschend, aber der Attraktor ist nicht von dem anfänglich gewählten Muster abhängig. Alle bisher gezeigten Fraktale können basierend auf dieser Transformationsmenge erzeugt werden.

Wir werden das IFS verwenden, um die Drachenkurve aus dem vorigen Kapitel zu beschreiben. Trotz der scheinbaren Komplexität sind für die Konstruktion dieser Kurve nur zwei Transformationen erforderlich. Um zu zeigen, dass sie nicht von der anfänglichen Menge abhängig ist, konstruieren wir sie basierend auf zwei anfänglichen Mustern, einem Segment und einer Form.

Im Falle des Segments und um unsere Erklärung zu vereinfachen, beginnen wir mit dem Einheitssegment. Es wird zuerst um den Faktor $1/\sqrt{2}$ reduziert und gegen den Uhrzeigersinn um 45° gedreht. Anschließend wird sein linkes Ende am Punkt (0, 0) platziert. Danach wird es erneut um den Faktor $1/\sqrt{2}$ reduziert und um 135° gedreht, ebenfalls gegen den Uhrzeigersinn, und das linke Ende wird am Punkt (1, 1) platziert.

Beachten Sie, dass im ersten Schritt die Transformationen des Einheitssegments immer verbunden sind. Das liegt daran, dass wir den Reduktionsfaktor so berechnet haben, dass er durch die Enden der Diagonalen eines Quadrats gebildet wird. Wenn wir diese Transformationen auf die resultierende Form der ersten Iteration anwenden, erhalten wir die zweite usw. Sie werden erkennen, dass die Transformationen schnell aussehen wie die Drachenkurve.

Die Drachenkurve, konstruiert unter Verwendung eines Segments. (Quelle: Maria Isabel Binimelis.)

Um jetzt eine Konstruktion basierend auf einer Form zu zeigen, verwenden wir einen Dalmatiner, um 101 Dalmatiner zu erzeugen … oder vielleicht sogar mehr. Die Konstruktion der Drachenkurve basierend auf dem ersten Dalmatiner ist identisch mit der Konstruktion, um die oben gezeigte Version der Linie zu erhalten.

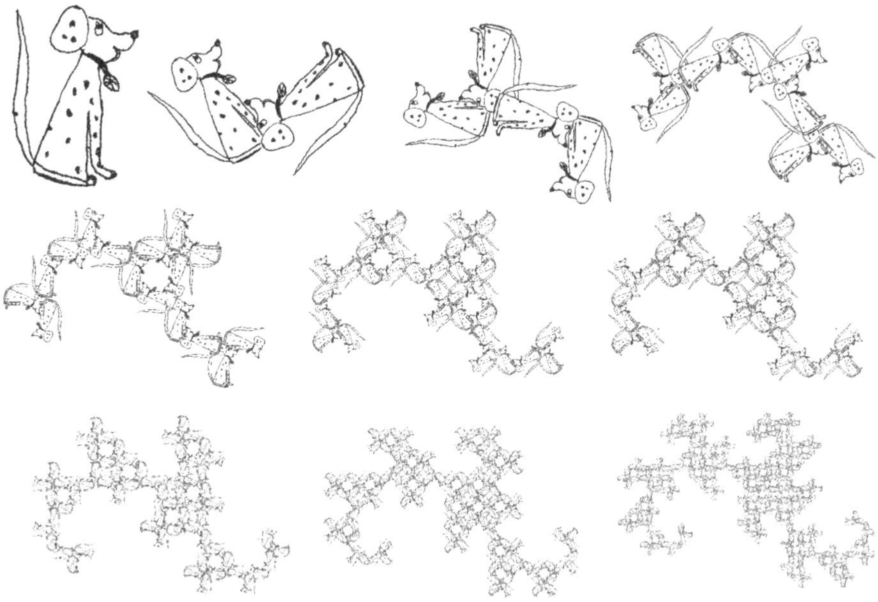

Die Drachenkurve, konstruiert unter Verwendung einer Figur.
(Quelle: Maria Isabel Binimelis.)

Eine Collage, mit der alles rekonstruiert werden kann

Mit Hilfe von IFS haben wir einige „klassische" Fraktale erzeugt und gezeigt, wie uns affine Transformationen zu einem Attraktor führen können. Wirklich interessant wäre jedoch, ein IFS zu entdecken, dessen Attraktor einem bestimmten Bild entspricht, oder das zu lösen, was für Fraktale als das „inverse Problem" bezeichnet wird.

In dieser Hinsicht war einer der wichtigsten Fortschritte das Collagen-Theorem von Barnsley 1985. Angenommen, wir haben eine Menge L und ein zugehöriges IFS. Um festzustellen, in welchem Umfang das IFS L annähert, berechnen wir das Bild von L für jede der Funktionen und verbinden sie zu einer einzigen Figur. Der Unterschied zwischen dem Bild, das wir erhalten, und der ursprünglichen Figur verschafft uns eine Vorstellung, wie dieses IFS L annähert.

Nehmen wir beispielsweise an, wir haben ein Ahornblatt, und möchten es mit Hilfe eines IFS annähern. Das Collagen-Theorem teilt uns nicht mit, welches IFS wir wählen sollten, deshalb müssen wir die Prozedur auf unserer Intuition aufbauen und versuchen, eine *Collage* mit verschiedenen Kopien des Originalblatts zu erstellen. Um diesen Prozess zu vereinfachen, suchen wir in unserem Beispiel nur affine Funktionen und versuchen, das Problem unter Verwendung von drei dieser Funktionen zu lösen. Die folgenden Bilder zeigen die Deformationen jeder Kopie im Hinblick auf ein Rechteck mit einer anderen Form. Nach der Überlagerung platzieren wir sie wie eine Folie über dem Originalblatt. Die schwarze Form stellt die Teile dar, die überdeckt wurden. Die grau schattierten Formen stellen den Teil des Fehlers dar, der laut dem Collage-Theorem bestimmt, wie weit der endgültige Attraktor des IFS vom Ahornblatt entfernt ist.

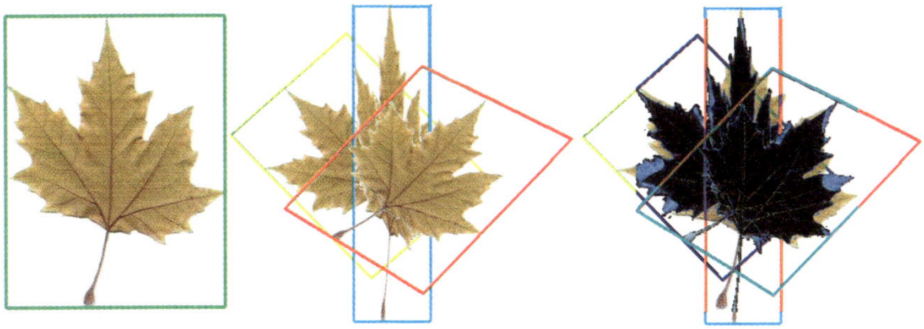

Bis heute besteht größtes Interesse an dem noch offenen Forschungsproblem, automatisierte Prozesse abzuleiten, die das inverse Problem für zufällige Bilder lösen können.

Kapitel 4

Versteckte Ordnung

Als ich 1980 meinen Freunden mitteilte, dass ich anfangen würde, mit J. H. Hubbard an einer Untersuchung von Polynomen zweiten Grades mit einer komplexen Variablen zu arbeiten, starrten sie mich alle an und fragten: „Glaubst du wirklich, etwas Neues zu entdecken?“

Adrien Douady

Nachdem wir uns an Konzepte wie Dimension, Selbstähnlichkeit und Stetigkeit gewöhnt haben, können wir in die Welt der Fraktale in all ihrer Pracht eintauchen. Insbesondere wollen wir das berühmteste von allen betrachten: die Mandelbrot-Menge. Dabei müssen wir immer im Hinterkopf behalten, was wir in diesem Buch gelernt haben: Selbst einfache Regeln für die Konstruktion von Fraktalen können extrem komplexe Strukturen erzeugen. Dieses Prinzip gilt nicht nur für die bisher gezeigten Formen oder diejenigen in diesem Kapitel, sondern auch für sehr viele Naturphänomene. Die fraktale Geometrie bietet Analogien und Modelle, die uns möglicherweise gestatten, irgendwann ein universelles Gesetz für den Kosmos zu entdecken. Falls ein solches Gesetz existiert, muss in seinem Kern ein alter Feind liegen: das Chaos.

Hat Mandelbrot die Mandelbrot-Menge entdeckt?

Die Mandelbrot-Menge, auch als M-Menge bezeichnet, besitzt zahlreiche bemerkenswerte Eigenschaften. Die vielleicht rätselhafteste dieser Eigenschaften ist, dass ihre unendlich komplexe Struktur auf extrem einfachen Prinzipien basiert. Jeder kann sie verstehen, der Addition und Multiplikation versteht, auch wenn für die genauere Betrachtung der Menge Milliarden an Additionen und Multiplikationen durchgeführt werden müssen. Aus diesem Grund wurde die M-Menge auch erst im Zeitalter der modernen Computer entdeckt.

Wie wir weiterhin sehen werden, wurden die grundlegenden Theorien, die die Entdeckung der M-Menge möglich machten, im zweiten Jahrzehnt des letzten Jahrhunderts durch die französischen Mathematiker Gaston Julia (1893-1978) und Pierre Fatou (1878-1929) entwickelt. 1918 veröffentlichte Julia verschiedene Artikel über komplexe Zahlen, in denen es um die Eigenschaften bestimmter Mengen ging, die zu diesem Zeitpunkt nicht visualisiert werden konnten, und die später als Julia-Mengen bezeichnet werden sollten.

1978 konnten der Franzose Adrien Douady (1935-2006) und der Amerikaner John Hubbard (geb. 1945) eine eigens dafür entwickelte Software verwenden, um erste verschwommene Bilder der Julia-Menge in schlechter Qualität zu erhalten. Ein Jahr später veröffentlichte Mandelbrot seine eigenen Bilder, die an den IBM Laboratories

KOMPLEXE ZAHLEN SIND NICHT SO KOMPLEX

Reale Zahlen bilden eine Möglichkeit, alle Punkte auf dem realen Zahlenstrahl auf eindeutige und geordnete Weise zu beschriften, weil jede Zahl einem Punkt entspricht und jeder Punkt eine Beschriftung hat. Es gibt Regeln, wie sie addiert, subtrahiert, multipliziert und dividiert werden können. Die sogenannten komplexen Zahlen verhalten sich ähnlich, weil sie uns gestatten, Punkte zu beschriften. Diese Punkte liegen jedoch nicht auf einer Geraden, sondern in einer Ebene, auch als die komplexe Ebene bezeichnet.

Es gibt drei übliche Methoden, eine komplexe Zahl darzustellen: kartesisch, arithmetisch und polar. Die Zahl wird unter Verwendung der Variablen *z* charakterisiert. In ihrer kartesischen Form besteht eine komplexe Zahl *z* aus zwei Koordinaten: einer realen und einer imaginären. Die imaginäre Koordinate ist die vertikale, ihre Einheit ist *i*. Dieses *i* wird als imaginär bezeichnet, weil es sich dabei um die Quadratwurzel von -1 handelt. Aufgrund der Besonderheit dieser imaginären Zahl wurden die Zahlen, die sie beinhalten, als komplex bezeichnet. Aus historischen Gründen werden sie immer noch so genannt, aber in Wirklichkeit sind sie nicht so komplex, wie wir sehen werden. Dank ihnen ist es möglich geworden, viele Formulierungen und Theorien zu vereinfachen. Um sie in der Ebene zu visualisieren, wird ein Koordinatensystem definiert, wobei die horizontale Achse den Wert der realen Komponente darstellt, und die vertikale Achse die imaginäre Komponente. Wir können eine komplexe Zahl in kartesischer, arithmetischer und polarer Form darstellen:

$$z=\frac{1}{2},\frac{\sqrt{3}}{2}=\frac{1}{2}+\frac{\sqrt{3}}{2i}=1_{60°}$$

$$z = 2 + (\sqrt{3})i$$

z ist also eine komplexe Zahl, deren realer Teil den Wert 2 hat, und deren imaginärer Teil den Wert $\sqrt{3}$ hat. Das entspricht der Aussage, dass sie die Länge 1 hat und einen Winkel von 60° mit der Horizontalen bildet. Um zwei komplexe Zahlen zu addieren, müssen wir nur den Realteil und den Imaginärteil separat addieren. Ist beispielsweise $z_1 = (-2, 4)$ und $z_2 = (3, 1)$, dann ist die Summe (1, 5). Das Diagramm zeigt, dass die Summe nichts anderes ist als der Punkt, der auf

entwickelt worden waren. Das erste Bild der M-Menge stammt von 1981 und ist das Ergebnis der gemeinschaftlichen Arbeit von Robert Brooks und Peter Matelski.

Die strenge mathematische Untersuchung der M-Menge begann ebenfalls mit Douady und Hubbard, die bewiesen, dass die Menge verbunden und kompakt ist, und dass sie intern aus einer nicht abzählbaren Menge an Komponenten besteht. Außerdem haben sie die kanonische Version ihrer Formel in Form einer komplexen quadratischen Gleichung $z^2 + c$ entwickelt.

der Diagonalen des Parallelogramms liegt, das aus den Vektoren besteht, die durch die Zahlen angegeben sind. Für die Multiplikation gilt die folgende Regel: i^2 wird durch -1 ersetzt, zumal wir wissen, das i die Wurzel aus -1 ist:

$$z_1 z_2 = (-2+4i)(3+i) = -2(3+i) + 4i(3+i) = (-6-2i) + (12i-4) = -10+10i.$$

Der letzte Punkt ist derjenige, der (geometrisch gesprochen) dem Vektor entspricht, dessen Winkel die Summe der beiden Winkel ist, und dessen Länge (der Betrag) das Produkt der Längen der anfänglichen Zahlen ist.

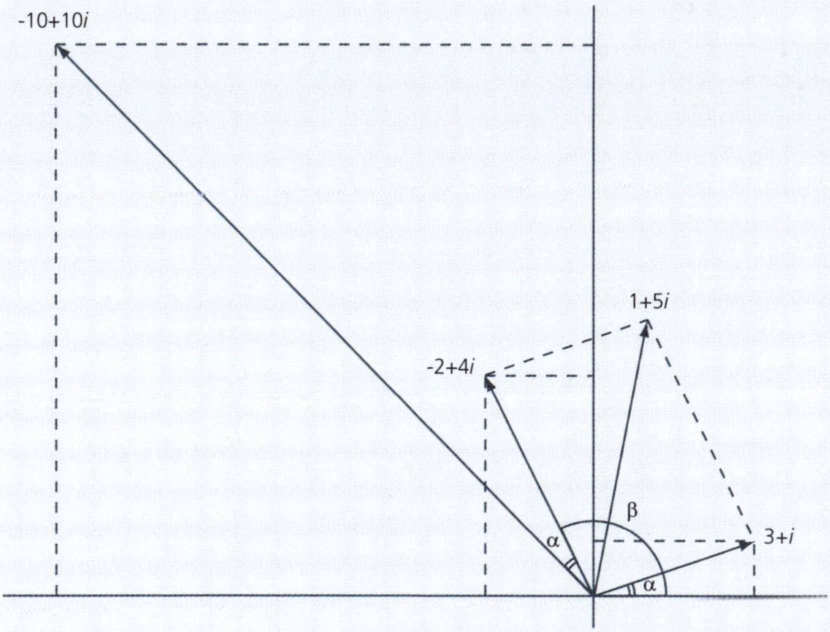

Zu seiner Zeit behauptete Mandelbrot, dass das größte Problem bei der Untersuchung der Menge, die heute seinen Namen trägt, die Programmierung des Algorithmus war, um die Menge zu visualisieren. In seinem Buch *Fractals: Form, Chance & Dimension* (*Fraktale: Form, Zufall & Dimension*) würdigt er die Pionierarbeit von Julia und Fatou und erklärt: „Ich arbeite auf eine Weise, die die Theoretiker verabscheuen, ich habe unvergessliche Bilder untersucht und analysiert, und den Computer wie ein Mikroskop verwendet, ein primitives Werkzeug von 1980.“

Impulsiv-zwanghafte Berechnungen

Die wichtigste Schlussfolgerung aus all dieser Arbeit ist, dass eine einfache Formel zu höchst komplexen Ergebnissen führen kann. Diese Entdeckung ist ein bemerkenswert wichtiges Ergebnis für die gesamte Wissenschaft, wie wir später noch sehen werden. In einer iterativen Prozedur wird das Ergebnis einer Berechnung wieder als Eingabe verwendet. Die Idee dafür basiert darauf, eine Zahl auszuwählen, für die eine Operation ausgeführt wird, diese Operation für das Ergebnis zu wiederholen und diese Vorgehensweise endlos zu wiederholen. Formal nennt man dies eine Iteration, die ganz allgemein wie folgt dargestellt werden kann:

$$x_{n+1} = f(x_n).$$

Um dies besser zu verstehen, stellen Sie sich vor, die wiederholt ausgeführte Operation ist die Quadrierung einer Zahl. In diesem Fall würde die Iteration wie folgt dargestellt:

$$x_{n+1} = x_n^2.$$

Wenden wir dies auf einen Anfangswert wie beispielsweise $x_0 = 2$ an, erhalten wir $x_1 = 2^2 = 4$, $x_2 = 4^2 = 16$, $x_3 = 16^2 = 256$ usw. Die erzeugte Zahlenfolge (in diesem Beispiel 2, 4, 16, 256…) wird als Orbit der Iteration bezeichnet, und der Punkt, gegen den sie tendiert (in diesem Fall unendlich), als Attraktor.

Ist für die hier betrachtete Operation, nämlich eine Zahl in die zweite Potenz zu erheben, der Ausgangswert kleiner 1, z. B. $x_0 = 0{,}5$, ist der Attraktor 0. Ist $x_0 = 1$, ist das Ergebnis immer 0 und kann nicht ausbrechen. In dieser Situation sagen wir, der Orbit besteht aus einem einzigen Punkt, dem sogenannten Fixpunkt.

Gegen Ende des 19. Jahrhunderts interessierten sich Mathematiker, Physiker und Biologen vor allem für einen bestimmten iterativen Prozess – eine Zahl zu quadrieren und dann eine Konstante zu addieren. Mathematisch präzise ausgedrückt, bezeichnet man diesen Fall als die echte quadratische Familie. Das Interesse der Wissenschaftsgemeinde an dieser Familie stammt aus ihrer Beziehung zu einer Reihe verschiedener Theorien, die irgendwann als Chaostheorie bezeichnet wurden.

Punkte in der Gefangenenmenge oder: der Ausbruch aus dem Labyrinth

Julia und Fatou waren Pioniere im Forschungsbereich der Iterationen mit komplexen Zahlen, und ihre Ergebnisse waren die Grundlagen, auf denen später die fraktale Geometrie aufgebaut wurde. Unter anderem beschäftigten sich Julia und Fatou mit dem Verhalten komplexer Zahlen, wobei die Iteration darin bestand, sie zu quadrieren und eine Konstante zu addieren. Diese wird symbolisch wie folgt ausgedrückt:

$$z_{n+1} = z_n^{\,2} + c\ .$$

Dabei ist z eine komplexe Zahl und c eine Konstante, die ebenfalls komplex ist. Einfach ausgedrückt besagt diese Iteration: Nimm eine Zahl, multipliziere sie mit sich selbst, addiere die Konstante c und wiederhole dies mit jedem Ergebnis. Die Folgen der generierten Orbits sind Folgen komplexer Zahlen, die nur von den Werten des Ausgangspunkts und der Konstanten c abhängig sind.

1960 wendete Fatou diese Iteration auf alle Punkte der komplexen Ebene an und erzeugte Orbits, die größtenteils gegen unendlich gingen, bis auf eine wohldefinierte Menge an Punkten, heute als die Fatou-Menge bezeichnet. Wir nennen diesen Punktetyp, dessen Iteration nicht gegen unendlich entkommt, Gefangenenpunkte, während die anderen als Fluchtpunkte bezeichnet werden. Die Punkte an der Grenze, welche die einen von den anderen trennen, die Wächter, werden als die Julia-Menge bezeichnet.

Jetzt betrachten wir die Iteration der Konstanten c = (0,0) etwas detaillierter. In seiner geometrischen Darstellung ist das Quadrat einer komplexen Zahl ein weiterer komplexer Punkt, dessen Betrag den Wert des Quadrats des anfänglichen Betrags hat, und dessen Winkel gegen die horizontale Achse doppelt so groß wie der anfängliche Winkel ist.

Die folgende Tabelle zeigt die Werte von z, z^2, z^4, z^8 bis z^{32} für die drei verschiedenen komplexen Zahlen. Innerhalb des Einheitskreises (d. h. eine komplexe Zahl mit einem Betrag kleiner als die Einheit), auf dem Einheitskreis direkt und schließlich außerhalb des Einheitskreises. In der Abbildung ist das Verhalten dieser drei Beispiele im Hinblick auf ihre Geometrie zu beobachten.

		im Kreis		auf dem Kreis		außerhalb des Kreises	
		Betrag	Winkel	Betrag	Winkel	Betrag	Winkel
z_0	z	0,8	10°	1.0	10°	1,5	50°
z_1	z^2	0,64	20°	1.0	20°	2,25	100°
z_2	z^4	0,4096	40°	1.0	40°	5,06	200°
z_3	z^8	0,1678	80°	1.0	80°	25,63	40°
z_4	z^{16}	0,0281	160°	1.0	160°	656,90	80°
z_5	z^{32}	0,0008	320°	1.0	320°	431.439,89	160°

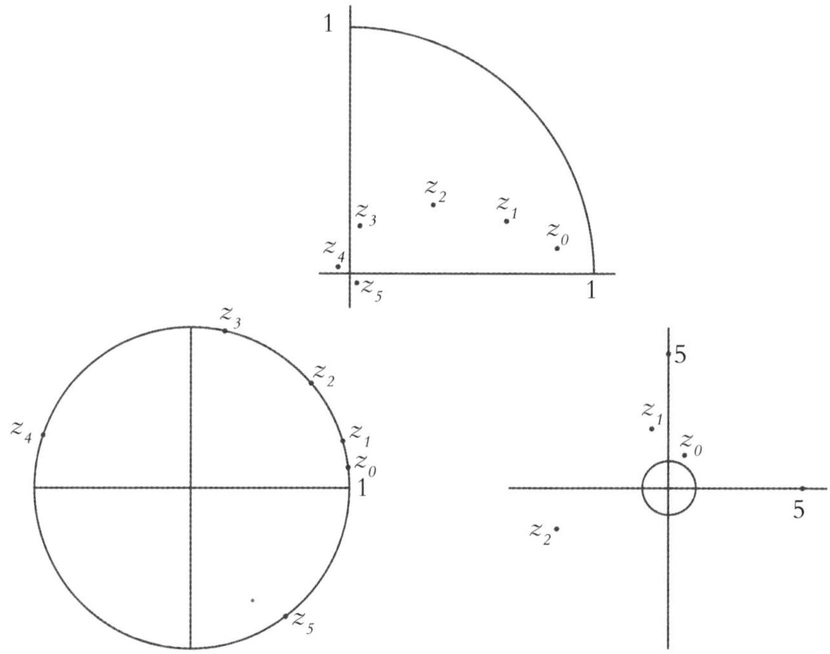

Die obige Tabelle zeigt die Berechnungen für drei Arten von Orbits. Der auf der linken Seite tendiert zum Ursprung der Koordinaten, der in der Mitte wird auf einem Einheitskreis gehalten, und der auf der rechten Seite geht gegen unendlich. Die drei Abbildungen unterhalb der Tabellen zeigen Darstellungen dieser drei Orbits in der komplexen Ebene.

Wir sehen, dass der Punkt innerhalb des Kreises gegen den Ursprung konvergiert, dass der Punkt außerhalb des Kreises gegen unendlich flüchtet, und dass der Punkt auf dem Kreisumfang immer auf diesem verbleibt. Je größer der Betrag der anfänglichen Zahl ist, desto schneller flüchtet sie. Damit wird die komplexe Ebene in zwei Regionen unterteilt: eine mit den Punkten des Einheitskreises, den Gefangenenpunkten, und denjenigen außerhalb, den Flüchtlingen. In diesem Fall ist die Julia-Menge der Einheitsumfang, der den Wächterpunkten entspricht. Außerdem können wir etwas erkennen, was später noch extrem wichtig wird. Die Julia-Menge ist invariant unter einer quadratischen Iteration, d. h. jeder Orbit, der darin beginnt, wird auch darin fortgesetzt.

Beachten Sie, dass es zwei Festpunkte unter dieser Iteration gibt, (0, 0) und (1, 0). In diesem Fall ist (0, 0) ein fester Attraktorpunkt, weil alle Punkte innerhalb des Kreises zu ihm hin tendieren. Außerdem wird gesagt, dass das Innere des Kreises das Anziehungsbecken für den Punkt (0, 0) ist. (1, 0) ist jedoch ein Festpunkt der Repulsion, weil es Punkte in seiner Nähe gibt, wie beispielsweise (1,01, 0), die gegen unendlich flüchten.

Betrachten wir die Unendlichkeit als Punkt in der Ebene und kennzeichnen ihn mit dem Symbol ∞, dann können wir sagen, der Punkt ∞ ist fest, und sein Anziehungsbecken enthält alle Punkte außerhalb des Einheitskreises.

Dies ist das einfachste Beispiel der Julia-Menge mit einem Einheitsumfang. Sie hat jedoch dieselben typischen Eigenschaften wie die meisten Julia-Mengen: Sie ist die Grenze des Anziehungsbeckens von (0, 0) und ∞, und die Dynamik zwischen den Punkten ist chaotisch.

Der Sonderfall $z_{n+1} = z_n^2$, häufig dargestellt als $z \to z^2$, ist das Tor zu einer faszinierenden und atemberaubenden Welt von Julia-Mengen-Fraktalen.

Für die Visualisierung anderer Julia-Mengen, wie beispielsweise $c = 0{,}5 + 0{,}5i$, empfiehlt sich die Verwendung eines Computers. Theoretisch müsste man für jeden Punkt auf der Ebene prüfen, ob sein Orbit gegen unendlich oder gegen 0 geht. In der Praxis ist dies unmöglich, und um die Punkte der Julia-Menge zu zeigen, müssen wir andere Algorithmen verwenden.

Nachfolgend finden Sie eine Tabelle mit den Orbits bestimmter Punkte und eine Zeichnung der Julia-Menge für $c = 0{,}5 + 0{,}5i$.

	Orbit 1		Orbit 2		Orbit 3	
	x	*y*	*x*	*y*	*x*	*y*
z_0	1,00	0,00	−0,96	0,03	−1,27	0,50
z_1	0,50	0,50	0,43	0,44	0,87	−0,77
z_2	−0,50	1,00	−0,51	0,88	−0,34	−0,85
z_3	−1,25	−0,50	−1,01	−0,39	−1,12	1,07
z_4	0,82	1,75	0,37	1,30	−0,41	−1,90
z_5	−2,90	3,33	−2,04	1,46	−3,93	2,04
z_6	−3,26	−18,92	1,52	−5,47	10,79	−15,52
z_7	−347,46	123,68	−28,01	−16,27	−124,77	−334,48

Drei Orbits, die ausbrechen.

	Orbit 1		Orbit 2		Orbit 3	
	x	*y*	*x*	*y*	*x*	*y*
z_0	0,000	0,000	0,500	−0,250	−0,250	0,500
z_1	−0,500	0,500	−0,313	0,250	−0,688	0,250
z_2	−0,500	0,000	−0,465	0,344	−0,090	0,156
z_4	−0,688	0,250	−0,371	0,355	−0,456	0,013
z_{100}	−0,473	0,291	−0,393	0,290	−0,438	0,218
z_{200}	−0,394	0,278	−0,411	0,271	−0,409	0,290
z_{400}	−0,408	0,276	−0,409	0,275	−0,409	0,276
z_{500}	−0,409	0,275	−0,409	0,275	−0,409	0,275

Orbits bestimmter Punkte der quadratischen Iteration mit c = 0,5 + 0,5i. In der oberen Tabelle brechen alle Punkte aus, in der unteren gehen alle gegen einen bestimmten festen Attraktorpunkt (-0,409, 0,275).

Anhand der Tabelle können wir uns vorstellen, dass, wenn der Ausgangspunkt weit vom Mittelpunkt liegt, also sein Betrag groß ist, der Orbit gegen unendlich tendiert. Aber ab welchem Wert beginnt diese Flucht? Glücklicherweise kann diese Frage optimal beantwortet werden. Allgemein ausgedrückt, ist der Radius des Kreises das Maximum aus 2 und dem Absolutwert des Betrags von *c*. Jeder Orbit, der diesen Kreis überschreitet, wird mit Sicherheit flüchten. Dieses letzte Ergebnis ist von wesentlicher Bedeutung für die Bestimmung der M-Menge, wie wir später noch sehen werden.

Aufgrund dieser Tatsache erhalten wir einen Algorithmus, der es ermöglicht, die Gefangenenpunkte mit zunehmender Genauigkeit einzugrenzen. Die erste Annäherung an die Gefangenenmenge mit $c = 0{,}5 + 0{,}5i$ ist ein Kreis mit dem Radius 2. Programmieren wir diesen Algorithmus so, dass er die Pixel auf dem Bildschirm verarbeitet, mit jeweils einem Punkt pro Pixel, erhalten wir eine sehr große Punktemenge (abhängig von der gewünschten Genauigkeit), die nichtsdestoweniger endlich ist. Der Computer berechnet die erste Iteration für jeden der Punkte und stellt diejenigen, die in der ersten Iteration aus dem Kreis mit dem Radius 2 flüchten, in einer bestimmen Farbe dar, während die restlichen Punkte schwarz bleiben. Der Rand dieser schwarzen Menge ist die zweite Annäherung an das Gefängnis. Basierend auf den schwarzen Punkten (deren Anzahl mit jedem Schritt abnimmt) können wir die zweite Iteration berechnen und die Punkte, die aus dem Radius 2 entkommen, in einer anderen Farbe darstellen und den Rest schwarz beibehalten.

Diese Prozedur kann für jeden der schwarzen Punkte wiederholt werden (deren Anzahl mit jeder Iteration abnimmt), bis die Änderung der schwarzen Menge auf dem Bildschirm nicht mehr wahrnehmbar ist. Dieser Algorithmus, häufig auch als Escape-Time-Algorithmus bezeichnet, ergibt die folgende Julia-Menge für $c = -1$:

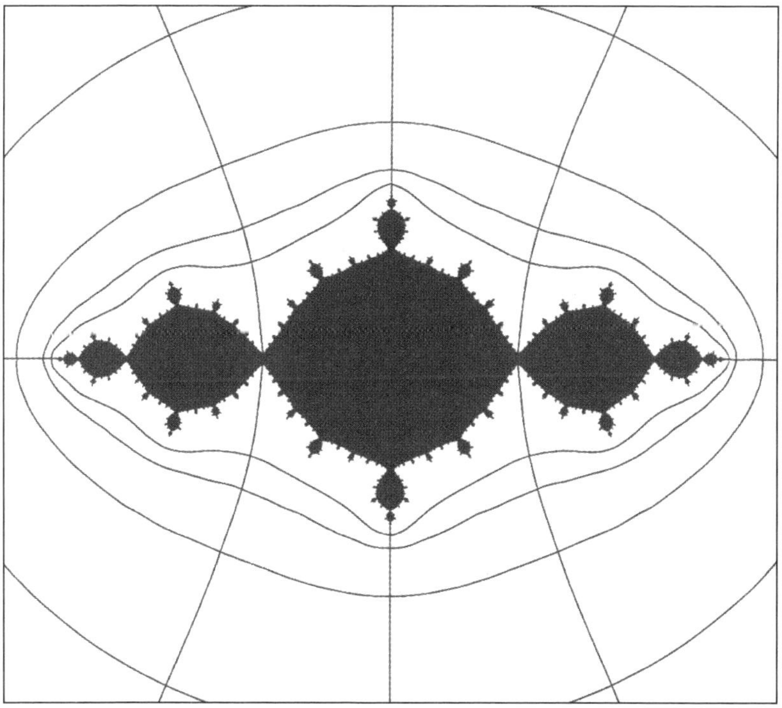

Die Julia-Menge für c = -1 mit sukzessiven Annäherungen (die umgebenden Linien), berechnet unter Verwendung des Escape-Time-Algorithmus.

Unterschiedliche Werte für c erzeugen unterschiedliche Julia-Mengen:

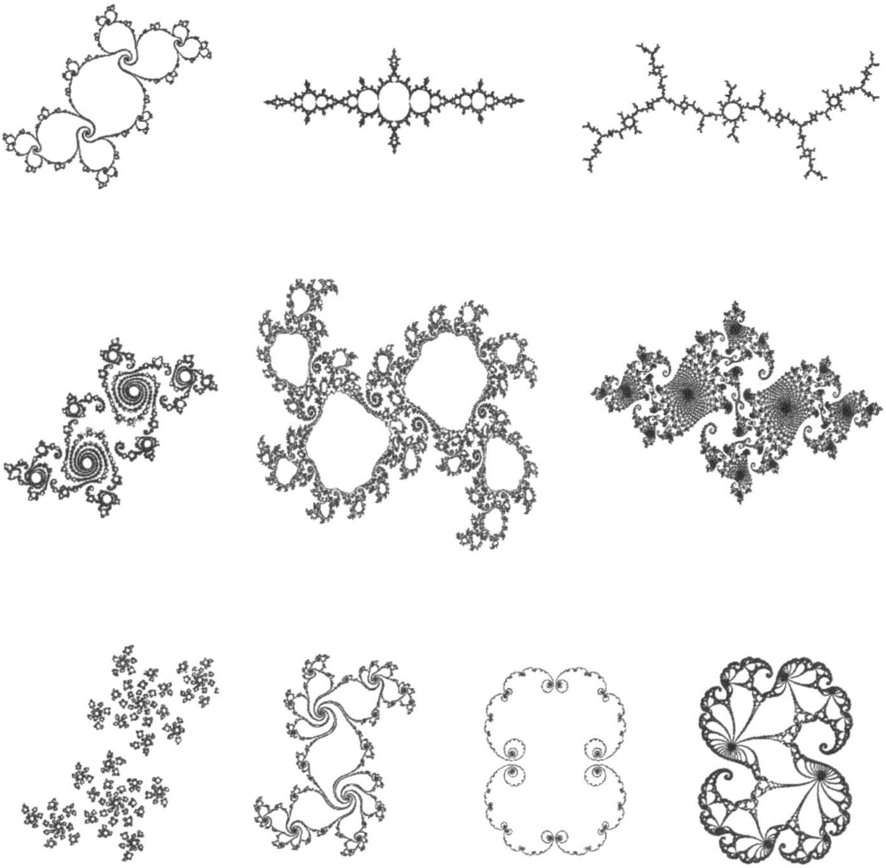

Nach der Analyse dieser Formen wird klar, dass es zwei Hauptklassen der Julia-Mengen gibt – solche mit einem einteiligen Körper (man sagt auch, dass der Bereich des Körpers verbunden ist) und andere, bei denen der Körper in eine unendliche Sammlung von Punkten unterteilt ist, die grob gesagt isoliert voneinander dargestellt werden (mathematisch ausgedrückt, ist der Bereich des Körpers nicht verbunden).

Diese geometrische Unterscheidung dient als Grundlage für die Möglichkeit, die Werte der Konstante c, die wir von jetzt an als den komplexen Parameter bezeichnen werden, in zwei gut unterscheidbare Mengen zu unterteilen: diejenigen, die verbundene Figuren in der Iteration $z_{n+1} = z_n^2 + c$ erzeugen, und diejenigen, die nicht verbundene Figuren erzeugen.

DAS CHAOS-SPIEL

Um ein detailliertes Bild der Julia-Menge zu erhalten, wird häufig ein Algorithmus verwendet, den man auch als das „Chaos-Spiel" bezeichnet. Im vorigen Kapitel haben wir über bestimmte Transformationen gesprochen, die als affin bezeichnet wurden, die, wenn sie iterativ angewendet werden, zu einem linearen Fraktal führen. Für die vorliegende Aufgabe jedoch benötigen wir Transformationen, die eine Julia-Menge erzeugen, wenn sie iterativ angewendet werden. Diese Transformationen können jedoch nicht affin sein, weil Julia-Mengen nicht linear selbstähnlich sind. Stattdessen beginnen wir mit der Idee, dass, wenn die Punkte in der Nähe der Julia-Menge (und außerhalb davon) mit der Transformation $z \to z^2 + c$ iteriert werden, sie gegen unendlich gehen. Das bedeutet, es ist, als ob die Julia-Menge ein Repulsor wäre. Betrachten wir nun die inverse Operation, d. h. die Transformation, die den vorherigen Punkt als iteriert verwendet, ändert sich die Julia-Menge jetzt von einem Repulsor zu einem Attraktor. Welche inversen Transformationen müssen wir anwenden? Sei w der nächste Punkt der quadratischen Iteration, dann ist $w = z^2 + c$. Wenn wir eine vorhergehende Iteration erhalten wollen, müssen wir z aus der Gleichung entfernen. Auf diese Weise erhalten wir zwei Lösungen:

$$z = +\sqrt{(w - c)}$$

$$z = -\sqrt{(w - c)}.$$

Das Chaos-Spiel funktioniert wie folgt: Ein anfänglicher zufälliger Punkt wird gewählt und die beiden Bilder werden in Übereinstimmung mit den obigen Ergebnissen berechnet. Der Prozess wird mit allen erhaltenen Punkten wiederholt, und sie werden auf dem Bildschirm gezeigt. Immer wenn wir den Prozess wiederholen, gelangen wir näher zu dem echten Erscheinungsbild der Julia-Menge.

Das Universum in einem Sandkorn

Die Einordnung von Julia-Mengen in verbundene und nicht verbundene ist keine unnötige Zweiteilung, und die Forschung in dem Bereich hat zu den faszinierendsten bekannten mathematischen Objekten geführt, die es gibt: die M-Menge.

Auf den ersten Blick scheint diese Einordnung nicht nachvollziehbar zu sein, weil wir versucht sein könnten zu denken, dass alle Punkte der Julia-Mengen für jede Variante des Parameters *c* ausgewertet werden müssen. Man erhält eine unendliche Menge. Mandelbrot nutzte jedoch ein Theorem, das ca. 1919 unabhängig von Julia und von Fatou bewiesen worden war, gemäß dem der Orbit von Punkt 0 eine maßgebliche

Rolle bei der Entscheidung spielt, ob eine Julia-Menge verbunden ist. Insbesondere besagt das Theorem, dass, wenn der Orbit gegen unendlich flüchtet, die Julia-Menge fragmentiert erscheint, andernfalls ist sie verbunden. Die Bedeutung dieses Theorems ist enorm, weil die Iteration damit nur auf einen einzigen Punkt angewendet werden muss, $z_0 = (0,0)$, um die Art der Julia-Menge zu bestimmen, die man erhält, wenn man die Iteration auf die gesamte komplexe Ebene anwendet.

Das obige Ergebnis bietet eine präzise und praktische Methode, zu bestimmen, ob eine Julia-Menge verbunden ist. Aber woran erkennen wir, ob der Orbit von (0, 0) gegen unendlich divergiert? Wir kennen die Antwort bereits: Der Orbit divergiert an einem Punkt, wenn er den Kreis des Radius 2 und den des Radius $|c|$ überschreitet.

Mandelbrot nutzte diese Eigenschaft der quadratischen Iteration und zeichnete die Werte der Konstanten *c*, aus der sich verbundene Julia-Mengen ergeben. Er stellte fest, dass diese Sammlung der Werte von *c* eine überraschende Struktur aufweist, wenn sie in der komplexen Ebene dargestellt wird.

Allgemein gesprochen kann die Mandelbrot-Menge als Herzkurve mit einer unendlichen Anzahl tangentialer Scheiben beschrieben werden, wobei sich diejenige auf der linken Seite durch ihre umfangreichere Größe unterscheidet. Vergrößert man diese spezifische Scheibe, wird deutlich, wie die Struktur mit anderen, „ähnlichen" Strukturen über Fäden verbunden ist, und obwohl man den Eindruck hat, es seien hier und da Punkte verstreut, besteht die komplette Menge aus einem Teil, d. h. sie ist verbunden.

Das Innere der Menge hat die Dimension 2. Während die topologische Dimension des Rands 1 ist, hat der japanische Mathematiker Mitsuhiro Shishikura sowohl zu seiner eigenen Überraschung als auch zum Erstaunen anderer bewiesen, dass ihre Hausdorff-Dimension gleich 2 ist[1].

Sehen wir uns die Reihe der Kreise an, die immer kleiner im Durchmesser werden und sich entlang der horizontalen Achse erstrecken, gelangen wir zum folgenden Gesetz: Die Quotienten eines Durchmessers und des nächsten gehen gegen eine Konstante mit einem Wert von ca. 4,6692… Dieser Wert, auch als Feigenbaum-Konstante bezeichnet, erscheint in vielen Naturphänomenen. Warum das so ist, konnte die Wissenschaft jedoch bisher nicht erklären.

Wenn der Escape-Time-Algorithmus verwendet wird, um die M-Menge unter Verwendung einer Farbpalette darzustellen, sind die Bilder schöner und die gesamte

1 Die Hausdorff-Dimensionen von Julia-Mengen variieren abhängig von dem Wert von *c*. Für $c = i$ ist die Hausdorff-Dimension ca. 1,2, für $c = -0{,}123 + 0{,}745i$ ist sie ca. 1,3934. Alle diese Werte wurden empirisch berechnet, weil die genaue Dimension für die meisten Mengen unbekannt ist.

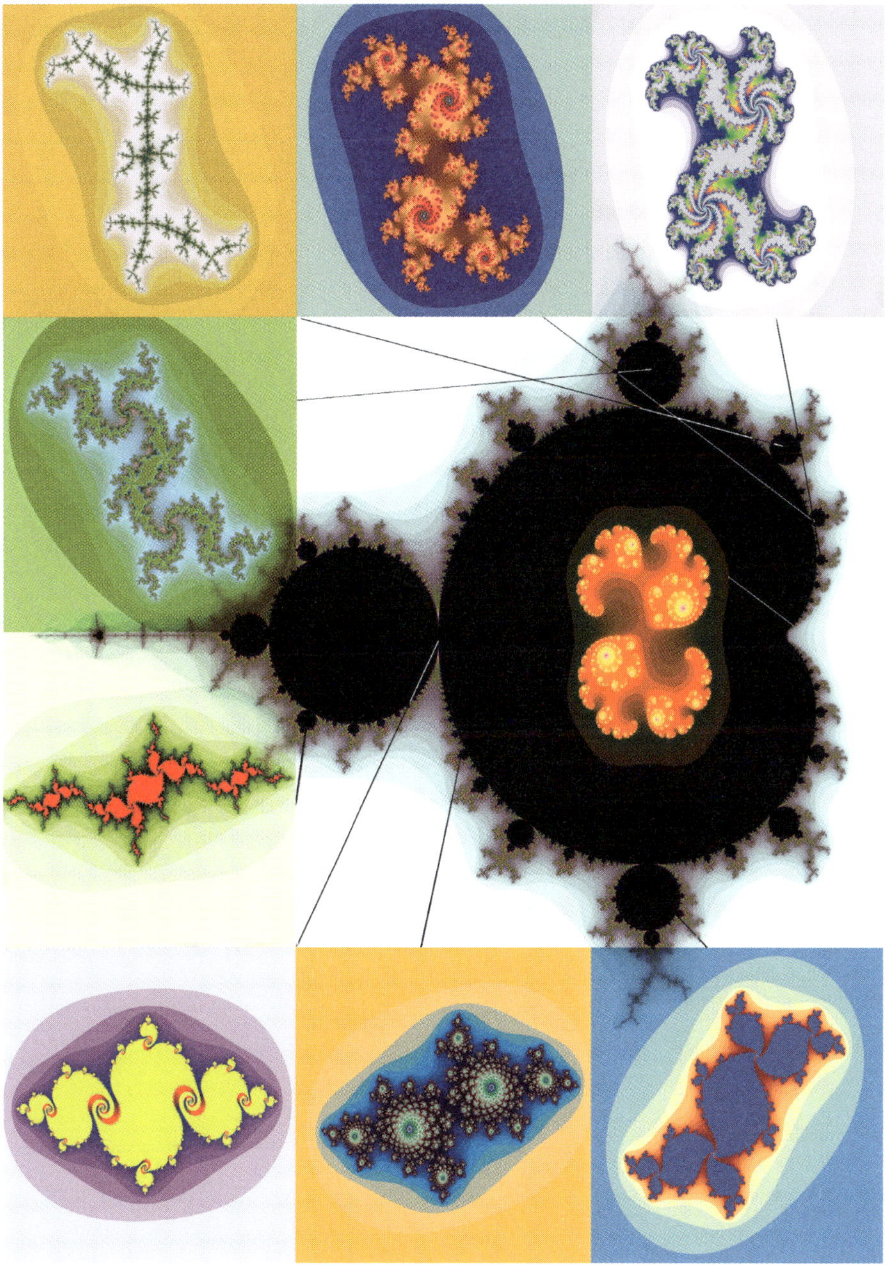

Mandelbrot-Mengen in all ihrer Pracht.

Form wird deutlicher. Punkte mit unterschiedlichen Fluchtgeschwindigkeiten sind mit unterschiedlichen Farben dargestellt. Beispielsweise wird ein Punkt grün dargestellt, wenn er zwischen 11 und 20 Iterationen benötigt, um aus dem Kreis mit dem Radius 2 zu flüchten, und gelb, wenn er zwischen 21 und 30 Iterationen benötigt (sehen Sie sich dazu die Farbtafeln in diesem Buch an).

Die Region, die auch als „Tal der Seepferdchen" bezeichnet wird, und die sich zwischen der Herzkurve und dem größten Kreis befindet, erscheint als eine Art Meeresparadies, gefüllt mit Figuren, die an auf tausenderlei Arten verknüpfte Seepferchen erinnern. Die M-Menge scheint ein Fraktal zu sein, weil wir es bisher nur mit Strukturen zu tun hatten, die in allen Beobachtungsmaßstäben wiederholt werden. In der Realität verhält es sich jedoch anders. Mit jeder sukzessiven Vergrößerung hat die Anzahl der Strukturen, die wiederholt wird, mehr und mehr Fäden, sodass wir erkennen können, welchen Maßstab wir gerade betrachten. Es gibt ernsthafte Zweifel an der Selbstähnlichkeit der Mandelbrot-Menge. Wenn man zwei Vergrößerungen einer Julia-Menge hat, kann unmöglich identifiziert werden, in welchem Maßstab der Ebene sie aufgenommen wurden, was jedoch für die M-Menge nicht gilt. Aus diesem Grund wird die Mandelbrot-Menge als fast selbstähnlich betrachtet.

Um 1990 und 2000 führte der chinesische Mathematiker Tan Ley verschiedene systematische Untersuchungen der M-Menge und ihrer komplexen Dynamik durch, die zum Teil in seinem Buch *Theme and Variations* (2001) enthalten sind. Dieses letzte Bild ist extrem praktisch, wenn die Bedeutung der fraktalen Welt über die strengen Grenzen der Mathematik hinaus eingeschätzt werden soll.

Variationen zu einem Thema

Welche Beziehung besteht zwischen der Position eines Werts c in der Mandelbrot-Menge und der Julia-Menge, die unter Verwendung von c erzeugt wurde? Die genaue Antwort ist unbekannt. Man konnte jedoch empirisch beobachten, dass die M-Menge alle Informationen über die Geometrie jeder Julia-Menge in einer reduzierten und deformierten Weise enthält, und dass sie damit ein sehr viel einfacheres Werkzeug für die Einordnung in verbundene und nicht verbundene Formen darstellt. Somit erzeugen beispielsweise alle Werte von c, die innerhalb der Hauptherzkurve liegen, eine Julia-Form mit dem Aussehen eines geknickten Kreises. Liegt der Wert von c in einem der tangentialen Kreise, erscheint die Julia-Menge gelappt. Bewegt sie sich in Richtung der Fäden, wird sie immer dünner, bis sie dendritisch ist, und wenn sie den Rand überschreitet, finden wir sie in eine unendliche Anzahl an Segmenten unterteilt.

Betrachtet man die Eigenschaften der M-Menge genauer, wird deutlich, dass die Anzahl der Lappen der zugehörigen Julia-Mengen innerhalb eines bestimmten tangentialen Kreises immer konstant ist. Durch die Zuordnung dieser Zahlen zu jedem Lappen und die Untersuchung der daraus resultierenden Linien kann also eine Karte der Mandelbrot-Menge konstruiert werden.

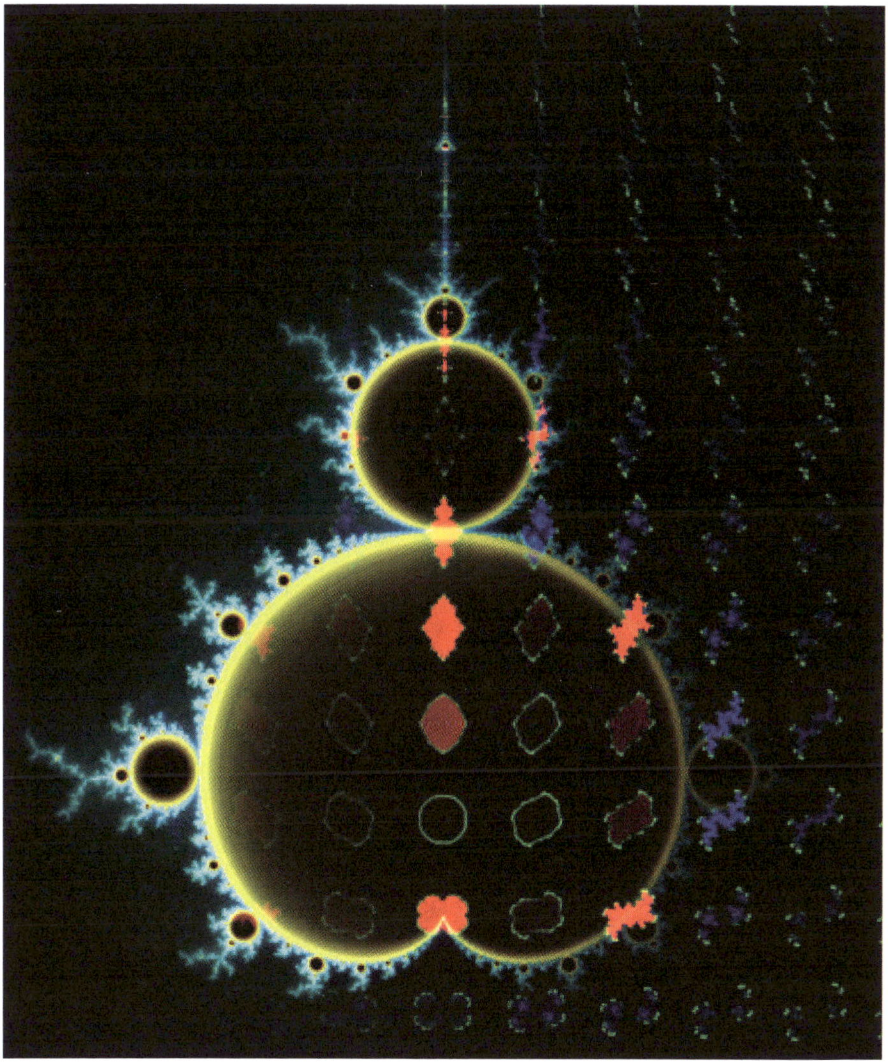

Eine Mandelbrot-Menge mit verschiedenen Julia-Mengen, die den Wert von c kennzeichnen, der sie erzeugt. Hier wurde eine vertikale Ausrichtung verwendet, um die Details besser darstellen zu können.

Die Erschaffung dieses Zahlenuniversums, gefüllt mit Blumen, Schnecken, Drachen und filigranen Formen ist keine exklusive Eigenschaft für diesen speziellen Iterationsprozess. Es gibt viele Iterationen komplexer Zahlen, die ihre eigene fraktale Welt erzeugen. Die vorgestellten Beispiele zeigen perfekt, dass eine komplexe Struktur nicht unbedingt bedeutet, dass ihre Erzeugung kompliziert sein muss. Wenn wir daran denken, dass ein einziger genetischer Code Millionen individueller Merkmale der menschlichen Population erzeugen kann, können wir uns auch leicht vorstellen, dass sich die Natur auf ganz ähnliche Weise verhält. Vielleicht ist es nicht reiner Zufall, und wir können dank dieser Analogien das unglaublichste universelle Gesetz entdecken, das alle Maßstäbe des Kosmos regiert.

Der Klang des Chaos[2]

In der zweiten Hälfte des 20. Jahrhunderts begannen Musik und Mathematik, Kunst und Wissenschaft, sich zu verbinden – dank der Verwendung digitaler Verarbeitungsprogramme. Noch vor den 20er Jahren entwickelte Joseph Schillinger, emigrierter ukrainischer Musiktheoretiker aus den USA, ein geometrisches Kompositionssystem basierend auf periodischen Bewegungen. Er fand verschiedene Möglichkeiten, dieses Konzept mit Rhythmus, Ton, Tonleiter, Noten und ansteigenden Harmonien zu verknüpfen. Das System ist in sieben Büchern beschrieben, die sich jeweils mit einem anderen Aspekt der Komposition beschäftigen. Es gibt Stimmen, die der Überzeugung sind, dass das System von Schillinger bereits von Computern erstellte Musik voraussah, noch bevor es überhaupt Computer gab. Laut verschiedener Experten erhält die Arbeit des Musikers immer noch nicht die Anerkennung, die sie verdient, obwohl sie großen Einfluss auf Komponisten wie beispielsweise George Gershwin, Glenn Miller (beides seine Schüler) und Benny Goodman hatte.

Die häufigsten Methoden, Kompositionen unter Verwendung der Mathematik zu schaffen, waren Modelle, die auf Gleichungen und Zufallsreihen basierten. Seit 1970 ist es jedoch auch möglich, mit Hilfe von Fraktalen Kompositionsalgorithmen zu erstellen. Viele Menschen sind der Meinung, dass fraktale Musik keine wirkliche Kunst ist, weil Kunst emotional, intuitiv und ausdrucksvoll sei, während die Wissenschaft rational, beweisbar und beschreibend ist. Die meisten dieser Kompositionen verwenden die fraktale Musik jedoch nur als Ausgangspunkt. Der Komponist formt die fraktale Melo-

2 Der folgende Text wurde direkt inspiriert von *Música Fractal: El Sonido Del Caos* (Fraktalmusik: der Klang des Chaos) von Juan Antonio Pérez Ortiz, Mitglied der Abteilung für Computersprachen und Systeme an der Universität Alicante in Spanien.

die, die sich in ihrem Ausgangszustand seltsam und verwirrend anhört, bis er ein zufriedenstellendes Ergebnis erhält. Der Prozess kann langsam sein, und das Ergebnis ist laut den Autoren eine Komposition, die ohne die Hilfe eines Computers undenkbar wäre und die ein Computer niemals auf so ausgefeilte Weise erzeugt hätte.

Es gibt zahlreiche Programme für die Erstellung fraktaler Musik (MusiNum, LMuse, Gingerbread und The Well Tempered Fractal), die verwendet werden können, um automatisiert schöne Melodien zu generieren. Phil Thompson, Programmierer aus Großbritannien, begann mit der Komposition fraktaler Musik als Hobbymusiker. 1998 veröffentlichte er sein erstes Album, *Organized Chaos.* Seine Kompositionen, die er als „Entdeckungen" betrachtet, basieren auf der Mandelbrot-Menge. Thompson ist der Entwickler des Programms Gingerbread, das wie folgt funktioniert: Sie wählen einen Ausgangspunkt z, auf dessen Orbit (unter Verwendung der quadratischen Funktion) eine Transformation angewendet wird, die die Punkte in Musiknoten umwandelt. Wenn der Orbit aus dem Kreis des Radius 2 flüchtet, beginnt die Melodie von vorn. Basierend darauf bietet das Programm unzählige Möglichkeiten, um die verschiedensten Ergebnisse zu erzielen. Sie brauchen nichts über Mathematik oder Musik zu wissen und können in unterschiedlichsten Musikarten komponieren, wie unter anderem Pop, Klassik, Filmmusik oder Hintergrundmusik für eine Website. Der Autor erklärt, dass es unendlich viel Material für die Komposition gibt und definiert die fraktale Musik als Spezialform der Komposition, wobei der Benutzer die gehörte Musik nicht erfindet, sondern sie vielmehr entdeckt.

Auf der Suche nach einer Definition

Gibt es wirklich eine strenge Definition, was ein Fraktal ist? In seinem Buch *Fractals: Form, Chance & Dimension* (*Fraktale: Form, Zufall & Dimension*) erklärt Mandelbrot, dass wir nur eine empirische Definition haben, weil es keine theoretische Definition gibt, die völlig zufriedenstellend ist. Manchmal wird gesagt, Fraktale seien Objekte mit fraktaler Dimension, aber diese Aussage ist doppelt missverständlich, weil die Dimension eine irrationale Zahl sein kann (wie beim Sierpinski-Dreieck), aber auch eine ganze Zahl (wie bei den raumfüllenden Kurven oder dem Rand der eigentlichen M-Menge).

Am besten definiert man ein Fraktal möglicherweise unter Verwendung seiner Attribute: Ein Fraktal ist annähernd selbstähnlich (die Teile sehen aus wie das Ganze), es wird durch einen iterativen Prozess erzeugt, es ist von den Ausgangsbedingungen abhängig und es ist komplex, auch wenn es unter Verwendung eines einfachen Algorithmus beschrieben werden kann. Dies ist die Definition des Briten Kenneth Falconer in seinem Buch *Fractal Geometry: Mathematical Foundations and Applications* (*Fraktale Geometrie: Mathematische Grundlagen und Anwendungen*) (1990), in dem eine fraktale Struktur als Struktur definiert ist, wenn sie folgende Eigenschaften erfüllt:

1. Sie ist zu irregulär, um unter Verwendung herkömmlicher geometrischer Formen beschrieben zu werden;
2. Sie zeigt in jedem Beobachtungsmaßstab Details;
3. Sie ist in bestimmter Weise selbstähnlich (präzise, annähernd oder statistisch);
4. Ihre Hausdorff-Besicovitch-Dimension ist größer als ihre topologische Dimension;
5. Sie wird unter Verwendung eines einfachen rekursiven Algorithmus definiert.

1975 erklärte Mandelbrot, dass Fraktale Formen sind, die normalerweise unter Verwendung wiederholter mathematischer Prozesse erzeugt werden, und die dadurch charakterisiert sind, dass sie nicht differenzierbar sind, weil sie in jedem Maßstab ein ähnliches Erscheinungsbild sowie eine fraktale Dimension aufweisen. Von dieser Formulierung war nicht jeder überzeugt. 1982 definierte Mandelbrot ein Fraktal als Menge mit einer Hausdorff-Dimension, die streng größer als seine topologische Dimension ist. Er erkannte jedoch selbst, dass diese letzte Aussage nicht ausreichend allgemein war, und schloss bestimmte Objekte aus, bei denen es sich tatsächlich um Fraktale handelte, wie beispielsweise raumfüllende Kurven wie die Peano- und Hilbert-Kurven, die im ersten Teil des zweiten Kapitels genauer betrachtet wurden[3].

Man könnte auch die Definition für Fraktale von Barnsley als IFS-Attraktoren verwenden, oder auch die Definition von Judith Cederberg in ihrem Buch *A Course in Modern Geometries* (*Ein Kurs zu modernen Geometrien*): eine Menge von Punkten, die selbstähnlich in der Richtung oder deterministisch oder stochastisch sind (zufallsabhängig). Beide Definitionen schließen die M-Menge aus, was wünschenswert sein kann oder nicht. Cederberg ist sich dessen bewusst und schreibt:

> „In der Mandelbrot-Menge bietet uns die Natur (oder ihre Mathematik?) eine leistungsstarke visuelle Analogie der musikalischen Idee der Variation zu einem Thema: An einer bestimmten Position werden dieselben Muster wiederholt, wobei die Wiederholung eine leichte Abweichung aufweist … Wir dürfen interessiert bleiben, weil immer wieder neue Dinge auftauchen und nichts verloren-

3 Die topologische Dimension der Kurven, die die Ebene überdecken, ist 2, nämlich die Dimension des Grenzwerts der gemessenen Iteration.

SELBSTDEFINIERT

Es gibt verschiedene Möglichkeiten, Fraktale in Übereinstimmung der Eigenschaften zu klassifizieren, die sie beschreiben. Abhängig von ihrem Grad der Selbstähnlichkeit beispielsweise können Fraktale in fünf allgemeine Kategorien eingeordnet werden:

– **Exakt selbstähnlich**: Dies ist der restriktivste Typ, weil er fordert, dass das Aussehen des Fraktals in unterschiedlichen Skalierungen identisch ist. Wir finden ihn in der Cantor-Menge, im Sierpinski-Dreieck, in der Peano-Kurve, in der Koch-Schneeflocke, in der Drachenkurve, im Menger-Schwamm usw.

– **Linear**: Fraktale, die basierend auf affinen Transformationen konstruiert werden. Dieser Typ Fraktal enthält kleinere Kopien, die unter Verwendung linearer Funktionen transformiert wurden, wie beispielsweise das Blatt des Barnsley-Farns.

– **Streng selbstähnlich**: Dieser Typ Fraktal enthält kleinere Kopien, die unter Verwendung nichtlinearer Mengen transformiert wurden, wie beispielsweise Julia-Mengen.

– **Quasi selbstähnlich**: Fordert, dass die Fraktale auf unterschiedlichen Stufen mehr oder weniger identisch sind. Dieser Typ Fraktal enthält kleinere, verzerrte Kopien von sich selbst. Fraktale, die von Rekursionsrelationen definiert werden, wie beispielsweise die Mandelbrot-Menge oder das Lyapunov-Fraktal, gehören zu dieser Sorte.

– **Statistisch selbstähnlich**: Dieser Typ ist weniger streng als die Selbstähnlichkeit und fordert, dass das Fraktal numerische oder statistische Werte aufweist, die bei einer Änderung der Skalierung beibehalten werden. Ein Beispiel für diesen Typ sind Zufallsfraktale, unter anderem brownsche Bewegung, Levy-Flug, fraktale Landschaften und brownsche Bäume.

geht, weil das Vertraute immer und immer wieder zurückkehrt. Aufgrund der konstanten Innovation kann die Mandelbrot-Menge als Grenzwert-Fraktal bezeichnet werden, das viele andere Fraktale enthält. Im Vergleich zu allgemeinen Fraktalen besitzt sie mehr Strukturen, ihre Harmonien sind umfangreicher und das Unerwartete ist noch viel unerwarteter."

Die Natur ist nicht fraktal

In der Literatur über Fraktale finden sich häufig Aussagen wie beispielsweise „Natur ist nicht fraktal". Tatsächlich ist dies nicht vollständig korrekt. Wenn wir sagen, eine Grenze, ein Baum oder das Gefäßsystem sind Fraktale, sagen wir eigentlich, dass es fraktale Modelle gibt, die diese Strukturen mit einem hohen Maß an Genauigkeit annähern können. In der realen Welt gibt es keine Fraktale, so wie es keine geraden Linien oder perfekte Kreise gibt.

Aufgrund der Tatsache, dass sie die Realität annähern, helfen uns mathematische Modelle, sie besser zu verstehen. Auf dieselbe Weise wie die Relativitätstheorie eine bessere Annäherung an die Umlaufbahn des Merkurs bietet als die Newtonsche Mechanik, bietet das fraktale Modell eine bessere Annäherung an die Formen bestimmter Objekte als die euklidische Geometrie, und vielleicht auch eine bessere Annäherung an die Dynamik realer Prozesse. Die Mandelbrot-Menge hat unendlich viele Details, und man könnte ein ganzes Leben damit verbringen, sie zu erkunden, Vergrößerung um Vergrößerung. Dasselbe können wir in der realen Welt machen, beginnend mit Molekülen, einer anschließenden Vergrößerung unseres Blickfelds auf Atome, von dort weiter zu Neutronen und anderen subatomaren Partikeln. Werden wir je ein Ende erreichen? Oder gibt es keine Grenze, genau wie bei der Mandelbrot-Menge?

Erwachen aus dem deterministischen Traum

Laut Wörterbuch ist Chaos „äußerste Verwirrung und Unordnung", die als vor der Ordnung des Kosmos vorherrschend angenommen wurde. Die Wissenschaftler sind aber unterschiedlicher Meinung, und nicht alles, was gesagt wird, ist so abwertend, wie diese Definition annehmen ließe. Die Chaostheorie in der Mathematik ist ein Zweig einer präzisen Wissenschaft. Sie lässt keine Ungenauigkeiten oder mangelnde Definitionen zu. Der Name der Theorie wurde von der üblichen Bedeutung des Worts inspiriert, aber das mathematische Chaos ist kein Wolf, sondern vielmehr ein Schaf im Wolfspelz. Fraktale gestatten uns, in ein Urmeer der Strukturen und Systeme einzutauchen, die wir mit der Zeit beherrschen werden.

Die fraktale Geometrie und das Chaos sind zwei verwandte Spezialisierungen in der Mathematik, und das eine ist ohne das andere schwer zu verstehen. Die fraktale Geometrie beschäftigt sich mit selbstähnlichen und paradoxen Mustern, die Chaostheorie ist das Studium des Verhaltens unvorhersehbarer Systeme, die sie auf der Suche nach Regelmäßigkeiten analysiert. Beide Zweige der Mathematik, entwickelt in den letzten 30 Jahren, sind verwandt: Es gibt Fraktale im Chaos, und Chaos kann unter Verwendung von Fraktalen definiert werden. Aber was genau ist die Verknüpfung? Der allgemeine Rahmen, aus dem sich die Chaostheorie entwickelt, wird als die Theorie der dynamischen Systeme bezeichnet. Ein dynamisches System besteht aus zwei Teilen: einem Status (normalerweise ausgedrückt durch Koordinaten) und einer Dynamik (die Weiterentwicklung des Status im Lauf der Zeit). Die Entwicklung eines dynamischen

Systems kann in einem Koordinatenraum gezeigt werden, dessen Positionen und Geschwindigkeiten als Phasenraum bezeichnet werden. Wenn seine Evolution durch ein Gesetz oder mehrere Gesetze bestimmt wird (obwohl seine Natur unbekannt ist), sind diese immer gleich, und es ist möglich, einen nachfolgenden Zustand basierend auf einem vorhergehenden Zustand abzuleiten. Ein solches System wird als deterministisches dynamisches System bezeichnet. Der Begriff „deterministisch" bedeutet, dass es möglich ist, Vorhersagen im Hinblick auf die zukünftige Entwicklung des Systems zu machen, indem man seine Vergangenheit betrachtet.

Eines der überraschendsten Ergebnisse aus der Physik in den letzten Jahren ist die Bestätigung, dass für viele deterministische dynamische Systeme eine detaillierte Vorhersage über lange Zeitintervalle unmöglich ist, weil der Grad des Fehlers mit jeder Iteration wesentlich zunimmt. Solche deterministischen dynamischen Systeme, die höchst sensibel gegenüber relativ kleinen Abweichungen sind, werden als chaotisch bezeichnet. Diese extreme Sensibilität bedeutet, dass zwei mögliche Pfade, die extrem nah an einem Ausgangspunkt liegen, im Verlauf der Zeit maßgeblich divergieren können. Es ist bereits bekannt, dass eine solche Zufälligkeit in Systemen mit sehr vielen Variablen auftritt, aber die Tatsache, dass sie auch in einfach aussehenden Systemen vorkommt, war ein sowohl unerwartetes als auch bemerkenswertes Ergebnis.

1776 erklärte der französische Mathematiker Pierre-Simon Laplace kategorisch, dass, wenn die Geschwindigkeit und die Position aller Partikel des Universums zu einem bestimmten Zeitpunkt bekannt wären, es möglich sei, perfekt ihre Vergangenheit zu bestimmen und ihre Zukunft vorherzusagen. Mehr als 100 Jahre schien diese Aussage korrekt zu sein, und man schloss daraus, dass es keinen freien Willen geben kann, wenn alles festgelegt ist (sogenannter Laplace'scher Determinismus).

Ende des 19. Jahrhunderts führte Poincaré eine neue Perspektive ein, als er fragte, ob das Sonnensystem ewig stabil sein würde. Der französische Mathematiker war der erste, der die Möglichkeit vorschlug, dass das Verhalten eines Systems maßgeblich von seinen Anfangsbedingungen abhängig sein könnte:

> „Das Verhalten eines Systems kann analysiert werden, indem ein Experiment mit denselben Anfangswerten und unter denselben Bedingungen wiederholt wird, sodass es möglich ist, dieselben Ergebnisse zu erhalten. Dies führt uns zu dem Prinzip der Kausalität. Wenn dieselbe Ursache dieselben Wirkungen erzeugt, sprechen wir von einer starken Kausalität. Größtenteils ist es jedoch nur möglich, ähnliche Anfangsbedingungen zu erzielen, und es gibt keine strenge Kausalität. Ähnliche Ursachen erzeugen ähnliche Wirklungen."

1903 sagte Poincaré Folgendes im Hinblick auf die Zufälligkeit: „Zufall ist nichts anderes als der Ausdruck der Ignoranz des Menschen."

Die Wissenschaft des 20. Jahrhunderts hat miterlebt, wie der Laplace'sche Determinismus zusammenbrach, was zwei völlig unterschiedliche Ursachen hatte. Die erste leitet sich von der Quantenmechanik und der Heisenbergschen Unschärferelation ab, laut der es eine grundlegende Begrenzung für die Genauigkeit gibt, mit der es möglich ist, die Position und die Geschwindigkeit eines Partikels zu messen. Die Ursache für die Unvorhersehbarkeit im großen Maßstab muss jedoch an anderer Stelle gesucht werden.

Einige große Phänomene sind vorhersehbar, andere nicht. Die Flugbahn eines Balles ist vorhersehbar, die Flugbahn eines vom Wind getriebenen Ballons nicht. Sowohl der Ball als auch der Ballon verhalten sich konform zu den Gesetzen von Newton. Warum ist dann die Bewegung des Ballons schwieriger vorherzusagen als diejenige des Balls? Die Bewegung des Wassers in einem ruhigen Fluss ist stabil, regelmäßig und kann unter Verwendung von Gleichungen analysiert werden. Unter anderen Bedingungen dagegen kann die Bewegung des Wassers turbulent, veränderlich und instabil sein. Was ist die Ursache für diesen maßgeblichen Unterschied? Der sowjetische Physiker Lev Landau vermutete, dass, wenn mit zunehmend schnellerer Bewegung des Wassers die Summe aller Oszillationen, die als solche ganz einfach sein können, dazu führt, dass der Fluss unmöglich als Ganzes vorhersehbar wird. Es wurde jedoch bewiesen, dass die Theorie Landaus falsch ist. Was einige natürliche Phänomene unvorhersehbar macht, ist die Zunahme der Fehler in der Messung und damit die Unsicherheit im Hinblick auf ihre Entwicklung aufgrund der chaotischen Dynamik. Diese chaotische Dynamik ist die zweite Ursache für den Zusammenbruch des Laplace'schen Determinismus. Die Quantenmechanik bestätigt, dass anfängliche Messungen nie vollständig präzise sein können, und das Chaos bewirkt, dass die Ungenauigkeiten jede Möglichkeit zunichtemachen, Vorhersagen zu treffen.

Ein Schmetterling in Brasilien und eine Motte in Singapur

Wie bereits erwähnt, war Poincaré der erste Mathematiker, der das Chaos „entdeckte", oder es zumindest annahm. Während sich Poincaré 1890 mit dem astronomischen Problem von drei Körpern beschäftigte (bestehend darin, zu jedem Zeitpunkt die Positionen und die Geschwindigkeiten von Erde, Mond und Sonne zu bestimmen, entdeckte er, dass es Orbits geben kann, die nicht periodisch sind, nicht immer wachsen und nicht zu einem Festpunkt tendieren. 1963 untersuchte der amerikanische Mathematiker und Meteorologe Edward Lorenz bestimmte Gleichungen, die ihm helfen sollten, das

Wetter vorherzusagen. Obwohl die Computer für den damaligen Zeitpunkt schnell waren, waren sie extrem langsam im Vergleich zu den heutigen Möglichkeiten, deshalb konnte Lorenz auch weggehen und eine Tasse Tee trinken, während sie die Berechnungen durchführten. Nach seiner Rückkehr fand er eine außergewöhnliche Form, die er als den Lorenz-Attraktor bezeichnete.

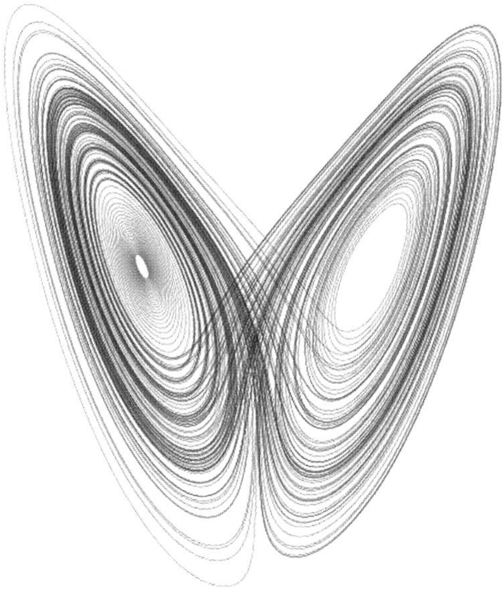

Die grafische Darstellung eines Lorenz-Attraktors.

Lorenz dachte, bei der Programmausführung einen Fehler gemacht zu haben und wiederholte es mehrfach. Als er immer dasselbe Ergebnis erhielt, dachte er weiterhin, das Problem läge im System selbst. Nachdem er es sorgfältig untersucht und Tests mit verschiedenen Parametern durchgeführt hatte, beobachtete er, dass trotz der äußerst ähnlichen Ausgangsbedingungen die Simulationen extrem schwierig wurden. Lorenz war der Meinung, sein System hätte es ermöglicht, Ausgangsbedingungen mit einer Genauigkeit von drei Dezimalstellen vorzugeben.

In Wirklichkeit arbeitete das System mit sechs Dezimalstellen, und die letzten drei Dezimalstellen wurden zufällig erzeugt. Der Amerikaner schloss daraus, dass diese kleinen, minimalen Fehler im Ausgangswert sich exponentiell vervielfachten. Leider veröffentlichte Lorenz seine Entdeckungen in speziellen Zeitschriften für Meteorologie, und sie blieben für fast 10 Jahre unbemerkt.

Dieser Beleg für etwas, was heute als Sensibilität gegenüber Anfangsbedingungen bezeichnet wird, war bereits in den Studien von Poincaré enthalten. Wir können jedoch noch weiter zurückblicken, zur Arbeit des schottischen Physikers James Clerk Maxwell, der 1876 verschiedene Arten chaotischer Phänomene untersuchte, wie beispielsweise den Funken, der einen Waldbrand verursacht, oder den Felsen, der einen Steinrutsch erzeugt[4].

Lorenz veröffentlichte seine Erkenntnisse 1963 in einem Dokument für die New York Academy of Sciences, in dem er einen Kommentar von einem Meteorologen-Kollegen zitierte: „Wenn die Theorie richtig wäre, würde der Flügelschlag einer Möwe ausreichen, um den Verlauf des Wetters für alle Zeit zu verändern.“ 1972, so erzählt Lorenz selbst, suchte er einen Titel für ein Interview für die American Association for the Advancement of Science, und sein Kollege Felipe Merilees, der das erste Dokument mit ziemlicher Sicherheit gelesen hatte, schlug den folgenden Titel vor: „Verursacht der Flügelschlag eines Schmetterlings einen Tornado in Texas?“

Unabhängig davon kannte Lorenz zweifellos das folgende Fragment von Poe aus seiner Geschichte *The Power of Words* von 1845:

> „Wir haben beispielsweise unsere Hände bewegt, als wir die Erde bewohnten, und damit die umgebende Atmosphäre in Schwingung gebracht. Diese Schwingung wurde weiter und weiter fortgepflanzt, bis sie ihren Impuls an jedes Partikel in der Luft der Erde weitergeben konnten, die von diesem Moment an und für immer durch eine Handbewegung bewegt werden konnte. Diese Tatsache kannten die Mathematiker unserer Erde sehr gut. Sie machten die speziellen Wirkungen, die durch bestimmte Impulse in die Flüssigkeit eingebracht wurden, tatsächlich zum Thema einer präzisen Berechnung – so, dass einfach zu bestimmen war, in welchem Zeitraum genau ein Impuls eines bestimmten Ausmaßes den Orbit umschließen würde und jedes Atom der umgebenden Atmosphäre (für immer) beeindrucken würde.“

Die Entdeckung von Lorenz, später bekannt unter dem Namen Schmetterlingseffekt, legte die theoretische Möglichkeit dar, dass die allerkleinste Änderung in den Ausgangsbedingungen eines Systems, wie beispielsweise die Bewegung der Luft, die durch den Flügelschlag eines Schmetterlings verursacht wird, eine Kettenreaktion von

---

4 Der Ausdruck „Abhängigkeit von Ausgangsbedingungen“ scheint dank einer Veröffentlichung des Wissenschaftlers P. Dunhem bereits 1906 allgemein gebräuchlich gewesen zu sein.

Ereignissen für das globale Klima verursachen könnte, die zu maßgeblichen Änderungen des Systems führt[5].

Trotz der Tatsache, dass der Ausdruck „der Flügelschlag eines Schmetterlings" bis heute erhalten geblieben ist, haben die Situation des Schmetterlings, die Konsequenzen seines Flugs und die jeweilige Position zu langen Debatten geführt, die wir hier nicht ausführen können.

Die Anziehungskraft des Chaos

Wenn ein dynamisches System ausreichend lang angewendet wird, erscheint eine Punktemenge, der sogenannte Attraktor, in seinem Phasenraum. Geometrisch betrachtet, kann ein Attraktor ein Punkt, eine Kurve, eine Fläche oder sogar eine komplexe Menge mit unregelmäßiger Struktur sein. In diesem Fall wird sie als seltsamer Attraktor bezeichnet. Die fraktale Eigenschaft des Chaos wird durch diese seltsamen Attraktoren zutage gefördert. Wenn die Orbits eines seltsamen Attraktors sukzessive vergrößert werden, kann dieselbe Selbstähnlichkeit wie bei den Fraktalen beobachtet werden, wobei die Struktur immer und immer wieder erscheint.

Bei bestimmten Gelegenheiten sind dynamische Systeme von einem bestimmten Parameter abhängig, über den sie einfach an reale Systeme angepasst werden können. Der Wert dieses Parameters ist äußerst wichtig, wenn man das Erscheinungsbild des Chaos verstehen will. Für bestimmte Werte des Parameters verhält sich das dynamische System gut, aber gelegentlich bewirkt eine kleine Änderung, dass das Chaos erscheint. Die Untersuchung dieser Systeme und der Parameter, von denen sie abhängig sind, um die Wendepunkte zu bestimmen, an denen ein System von der Ordnung ins Chaos wechselt, ist völlig unmöglich.

Die Existenz dieser Familien dynamischer Systeme, in denen Chaos und Ordnung nebeneinander existieren, zwingt uns zu der Akzeptanz, dass es eine wechselseitig verknüpfte Dualität gibt: In jedem geordneten System ist explizit oder implizit immer Chaos vorhanden. Analog dazu ist in jedem chaotischen System explizit oder implizit immer Ordnung vorhanden. Auch wenn ein System zum Chaos degeneriert ist, oder wenn es andererseits geordnet und stabil geworden ist, besteht immer das Potenzial, dass dies wieder umgekehrt wird.

---

5 Die Abbildung einer möglichen globalen Konsequenz des unschuldigen Flugs eines Schmetterlings war bereits 1952 in einer Kurzgeschichte von Ray Bradbury über Zeitreisen erschienen, und zuvor 1923 in zwei Romanen von Charles Hoy Fort, in denen der Autor darüber spekuliert, dass die Einwanderung von Vögeln in New York für einen Wirbelsturm in China verantwortlich sein könnten.

Ein Beispiel dafür, wie Ordnung implizit im Chaos vorhanden ist, ist das sogenannte Soliton. Wenn wir einen Stein in einen Wasserbehälter werfen, wird eine Störung erzeugt, die kleine Wellen verursacht, die jedoch schnell wieder abklingen. 1834 beobachtete der Schotte John Scott Russell (1808-1882) ein höchst ungewöhnliches Phänomen. Unter bestimmten Umständen verbinden sich Wellen zu einer neuen Welle mit ganz besonderen Eigenschaften. Diese neue Welle, auch als Soliton bezeichnet, wandert Hunderte von Kilometern, ohne ihre Form zu verlieren. Russell hat die Fortpflanzung dieser Welle entlang eines Kanals über mehrere Kilometer verfolgt und sich davon überzeugt, dass der Strom ohne Abschwächung weiterlief. Das Russell-Soliton ist ein physisches Phänomen, bei dem Streuung und Nichtlinearität zusammenwirken und Ordnung in Form einer lokalisierten Welle verursachen.

Aus praktischen Gründen wird das Russell-Soliton verwendet, um die Leistung von Übertragungen in optischen Telekommunikationsnetzwerken zu verbessern. 1988 wurden Solitonen über mehr als 4.000 km übertragen.

Das Foto zeigt eine Simulation des Solitons von John Scott Russell, die am 12. Juli 1995 auf dem Aquädukt am Union Canal in der Nähe der Universität Heriot-Watt stattfand.

Die Übertragung von einem flächigen Zustand in einen turbulenten Zustand in einer Flüssigkeit ist das repräsentativste und am häufigsten untersuchte Beispiel von Wegen zum Chaos. Das Taylor-Couette-Experiment besteht darin, eine Flüssigkeit zwischen zwei konzentrischen Zylindern anzubringen, die sich mit unterschiedlichen Geschwindigkeiten drehen. Wenn die Rotationsgeschwindigkeit des inneren Zylinders zunimmt, bleibt die Flüssigkeit nicht mehr einheitlich und teilt sich auf in Schichten von Strudeln, ähnlich wie Donuts. Die Änderung ist noch deutlicher, wenn der äußere Zylinder in die entgegengesetzte Richtung des inneren Zylinders gedreht wird. Unter diesen Umständen entsteht anstelle von Strudeln ein spiralförmiger Fluss, wie man ihn beispielsweise in den Säulen vor Frisörgeschäften sehen kann. Ändert man beide Geschwindigkeiten, öffnet sich die Büchse der Pandora, und einige wellige und turbulente Spirallinien entkommen. Das Ergebnis variiert abhängig davon, ob der innere oder der äußere Zylinder zuerst beschleunigt wird.

Fraktale und Chaos sind relativ neue Gebiete der Mathematik, und ohne die Leistungsstärke moderner Computer wären sie unmöglich zu erforschen. Zweifellos haben sie die Genauigkeit der Beschreibung oder der Klassifizierung „zufälliger“ Ereignisse bereits erhöht. Die revolutionäre und überraschende Entdeckung, dass bestimmte, extrem einfache deterministische Systeme Zufälligkeiten erzeugen können, führt zu einem offensichtlichen Paradoxon: Das Chaos ist deterministisch. Generiert durch feste Regeln, die kein zufälliges Element enthalten, tritt dennoch Zufälligkeit auf.

Die Entdeckung der Allpräsenz von Chaos kann als der dritte große wissenschaftliche Durchbruch der Physik des 20. Jahrhunderts betrachtet werden, zusammen mit der Relativität und der Quantenmechanik.

Luftaufnahmen von Gebieten des Nils, des Amazonas und der Großen Seen. Diese Oberflächen weisen sehr unregelmäßige Strukturen auf, die mit Modellen aus der fraktalen Geometrie angenähert werden können.

Ein großer Fisch, der einen kleinen frisst – umgewandelt in einen Attraktor eines affinen iterierten Funktionssystems, das aus 11 Funktionen besteht. Sechs Funktionen sind erforderlich, um den Körper zu bilden, vier für den Schwanz und die letzte für den kleinen Fisch. Hier sehen Sie die dritte Iteration.

Künstlerisches Foto einer vom Tetraeder von Sierpinsky inspirierten Skulptur. Ihre Konstruktion gleicht der des Dreiecks von Sierpinsky, außer dass wir hier vier Tetraeder im Raum statt drei Rechtecke in der Ebene haben.

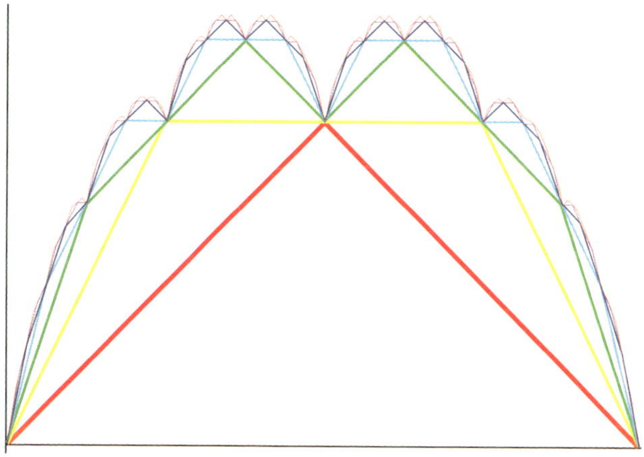

Konstruktion der Takagi-Kurve, auch „Puddingkurve" genannt, mit Hilfe von Polygonen. Jede der Kurven wird aus der jeweils vorhergehenden gebildet, wozu der Mittelpunkt verschoben wird, wie bereits von Archimedes für die Berechnung der Fläche zwischen einem Bogen der Parabel und seiner Sehne verwendet.

Dieses künstliche Gebirge wurde mit Hilfe eines Algorithmus erzeugt, das demjenigen für die Konstruktion der Takagi-Funktion ganz ähnlich ist, aber mit zufällig gewählten Parametern, in drei Dimensionen und leicht abgeändert. Fraktalengebirge werden in zahlreichen Spielfilmen verwendet.

Einige reale Phänomene, wie beispielsweise Wolken, können leichter durch die fraktale Geometrie anstelle der euklidischen Geometrie modelliert werden. Man erhält Wolkensimulationen durch die Anwendung von Fraktalen, die auch als Plasma bezeichnet werden, wobei abhängig vom gewünschten Effekt ein unterschiedlicher Streufaktor verwendet wird.

Die genetischen Codes von Pflanzen und anderen Lebewesen basieren auf dem Prinzip der geringsten Wirkung – auf der Suche nach maximaler Wirtschaftlichkeit, was das Wachstum betrifft. Aus diesem Grund ist die Selbstähnlichkeit in ihrer Morphogenese so wichtig, und genau deshalb weisen die meisten von ihnen fraktale Strukturen auf.

Darstellung der Mandelbrotmenge in einem Relief, erzeugt mit einem Algorithmus, der Potenzialkurven verwendet. Die Höhe eines Punkts ist von der Anzahl der Iterationen abhängig, die erforderlich sind, um ihn zum Mittelpunkt der Koordinaten zu verlängern.

Vergrößerung des Reliefs der Mandelbrotmenge in einem Bereich in der Nähe des Gipfels der Hauptherzkurve. In diesem Maßstab ist die gesamte Mandelbrotmenge so groß wie die Umlaufbahn des Jupiters. In diesem gigantischen Universum können wir fantastische Welten entdecken, voll mit Elefanten, Seepferdchen, Muscheln und allen möglichen anderen wunderbaren Dingen.

Von links nach rechts und von oben nach unten: Vergrößerungen der Mandelbrotmenge. Die Mitte des Bildes liegt etwa in der Mitte des vorigen Bildes.

Künstlerische Variante eines Fraktals, das durch die Wiederholung des Polynoms
$z = \sqrt{(\sin h\,[z^2]) + C}$ *entsteht.*

Graph des Lorenz-Attraktors. Er stellt die Umlaufbahn für einen Punkt im Raum dar, der verschiedenen Streuungsgleichungen unterzogen wird, die die Konvektion einer Flüssigkeit modellieren und vereinfachen. Die Umlaufbahn dreht sich um zwei Pole und springt unendlich oft jeweils von einer Seite auf die andere. Laut James Gleick ist dieses magische Bild, das an den Kopf einer Eule oder an die Flügel eines Schmetterlings erinnert, zum Symbol für die ersten Chaosforscher geworden.

Literaturverzeichnis

BARNSLEY, M., *Fractals Everywhere*, San Diego, Academic Press, 1988.

CEDERBERG, J.N., *A Course in Modern Geometries*, New York, Springer, 2000.

PEITGEN, H-O., JURGENS, H., SAUPE, D., *Chaos and Fractals, New Frontiers of Science*, New York, Springer-Verlag, 1992.

WAHL, B., *Exploring Fractals on the Macintosh*, Reading (Massachusetts), Addison-Wesley, 1995.

Register